U0298197

蔬菜制种技术丛书

白菜甘蓝类蔬菜制种技术

主 编

张鲁刚

编著者

张鲁刚 惠麦侠 张明科 侯 沛

金盾出版社

内 容 提 要

　　本书由西北农林科技大学园艺学院张鲁刚教授等编著。书中较全面翔实地介绍了白菜甘蓝类蔬菜花器结构，种子生产途径，采种方法、种子繁育制度和供种方式，常规品种和一代杂种的制种，种子的检验、加工与贮藏等种子生产技术。本书内容丰富，通俗易懂，实用性强，可供广大菜农、从事蔬菜种子生产管理的科技人员和农业院校有关专业师生阅读参考。

图书在版编目(CIP)数据

白菜甘蓝类蔬菜制种技术/张鲁刚主编 . —北京：金盾出版社，2005.3
　(蔬菜制种技术丛书)
　ISBN 978-7-5082-3424-3

　Ⅰ. 白… 　Ⅱ. 张… 　Ⅲ.①白菜类蔬菜-作物育种②甘蓝类蔬菜-作物育种 　Ⅳ. S630.38

中国版本图书馆 CIP 数据核字(2004)第 141790 号

金盾出版社出版、总发行
北京太平路 5 号(地铁万寿路站往南)
邮政编码：100036　电话：68214039　83219215
传真：68276683　网址：www.jdcbs.cn
彩色印刷：北京 2207 工厂
黑白印刷：京南印刷厂
装订：兴浩装订厂
各地新华书店经销
开本：787×1092 1/32　印张：6　彩页：4　字数：131 千字
2011 年 2 月第 1 版第 3 次印刷
印数：23001—24000 册　定价：10.00 元

序　言

　　"一粒种子可以改变世界"。种子是农业科技进步的重要载体,是农业发展水平的重要标志。谁控制了种子,谁就掌握了农业的主动权。国内外的经验证明,优良品种在农业生产中增产的贡献率可达 30%～35%。所以,世界各国都十分重视品种改良、繁育和推广。优良的品种和优质的种子是蔬菜取得高产、优质和提高效益的基础;同时,抗逆能力强的品种有利于提高蔬菜生产的抗风险能力,有利于生产无公害蔬菜。因此,种子是蔬菜生产中重要的农业生产资料。新中国成立以来,我国的主要蔬菜品种已更换了 3～4 次,每次增产幅度均在 10% 以上,对促进我国蔬菜生产的发展起到了巨大的推动作用。

　　我国 2003 年蔬菜播种面积已达 0.167 亿公顷以上,是世界上最大的蔬菜生产国,对蔬菜种子的需求量是世界之最。我国已形成了从新品种选育、繁育到推广、销售和服务的庞大的蔬菜种子产业队伍。国际上一些大的种子集团纷纷抢滩中国蔬菜种子市场,我国蔬菜种子行业面临着前所未有的国内外市场竞争的考验和挑战。我国各级政府十分重视种子产业,深化种子产业体制改革,并实施"种子工程",以增强我国种子产业的市场竞争力。

　　蔬菜栽培方式多样,蔬菜的种类、品种极其丰富,其种子的繁育技术也相对较复杂;同时,蔬菜种子产业是我国由计划经济向市场经济转制较早的行业,市场化程度较高。面对新的形势,广大蔬菜生产者已经越来越认识到良种的重要作用,对蔬菜种子的质量已不再只重视外观包装,而更进一步重视内在的质量。

为适应蔬菜种子产业的需要,金盾出版社约请中国农业大学和西北农林科技大学的专家和学者编写了"蔬菜制种技术丛书"。丛书包括茄果类蔬菜、瓜类蔬菜、白菜甘蓝类蔬菜、根菜类蔬菜、绿叶菜类蔬菜、稀特菜等 6 类蔬菜的制种技术,系统地介绍了良种繁育的基本原理、各类蔬菜良种繁育的生物学基础、各种蔬菜的良种繁育技术和病虫害防治等内容。丛书科学性、实用性和可操作性强,可供广大菜农,从事蔬菜种子生产、管理的科技人员和农业院校有关专业师生参考。希望本丛书的出版能为进一步提高我国蔬菜种子生产水平、提高蔬菜种子质量发挥积极的作用。

沈火林
2004 年 8 月于中国农业大学

前　言

　　白菜甘蓝类蔬菜是十字花科芸薹属白菜种和甘蓝种蔬菜的总称。白菜种和甘蓝种是 2 个变异丰富的多型性物种。它们以硕大紧实的叶球、鲜嫩的叶片、肥大脆嫩的根茎、挺拔的花薹、高产的种子……为人类提供了丰富的蔬菜和油料食品。其中,大白菜和结球甘蓝分别是我国人民生活中主要的五大蔬菜之一,尤其是大白菜,年栽培面积居所有蔬菜之首。随着人民生活水平的提高和需求的多样化,近年来菜薹、芜菁、花椰菜、青花菜、芥蓝、球茎甘蓝、抱子甘蓝、羽衣甘蓝等呈现快速发展的趋势。

　　白菜甘蓝类蔬菜品种经历了农家品种到杂交种的发展过程,特别是自 1983 年开展国家科技攻关以来,白菜甘蓝类蔬菜的科研工作取得了丰硕的成果,生产技术取得了长足的进步。大白菜和结球甘蓝的品种进行了 3～4 次更新换代,杂交一代品种达到 90％以上;大白菜细胞质雄性不育、细胞核基因互作雄性不育和甘蓝细胞核温度敏感雄性不育制种技术取得了实质性进展,为白菜甘蓝类蔬菜优质种子生产的升级奠定了基础。如何为生产提供优良的品种和优质的种子,已经成为育种者和蔬菜种子经营者共同关心的问题。为了满足市场的需要,笔者根据多年的实践经验,汲取国内同行的先进科研成果,编写了《白菜甘蓝类蔬菜制种技术》一书。本书可供从事白菜甘蓝类蔬菜种子生产、经营管理的科技人员和农业院校蔬菜专业的师生阅读参考。

　　本书由张鲁刚教授(第一至第四章和第七、第八章的一部分)、惠麦侠博士(第五、第六章和第九章的第一节)、张明科博士(第七、第八章的一部分)和侯沛先生(第九章的第二至第六节和第十章)撰稿,由张鲁刚教授统稿和审校。

薛志强、张昱在本书编写过程中帮助收集资料,在此表示感谢!

由于作者水平有限,书中难免有错误、不足之处,望读者批评指正,以便进一步修订。

编著者

2005 年 1 月 2 日于陕西杨凌地区

目　录

第一章　白菜甘蓝类蔬菜花器结构

　　白菜甘蓝类蔬菜的花都是完全花,从外向内,依次是花萼、花瓣、雄蕊、蜜腺、花柱(雌蕊)。萼片4片,绿色。花瓣4片,淡黄色,上部宽大,下部窄长呈爪状,开放后呈"十"字形。花瓣内侧有蜜腺2个。雄蕊6枚,分2轮排列在花柱周围,外轮2枚花丝较短,内轮4枚花丝较长,故称"四强雄蕊",花药顶生,由2个药囊组成。花柱1个,与雄蕊等长,柱头呈头状。子房上位,2个心室,侧膜胎座。

　　果实为长角果,圆筒形或羊角形,长3～8厘米,有柄,果荚内有种子20粒左右,分2行排列在纵隔膜两侧的边缘,果实先端有"果喙"。种子成熟后呈红褐色或灰褐色,圆球形,稍扁,直径1.8～2毫米,千粒重3～3.5克。

第二章　白菜甘蓝类
蔬菜种子生产途径

第一节　常规品种途径

　　常规品种,也叫农家品种,即通过自交留种而繁殖生产的品种。这是最传统、最原始、最简单的种子生产途径。常规品种对于自花授粉作物来讲,整齐度好,性状稳定;对于异花授粉作物则整齐度差,性状不稳定,年际间变化大。目前蔬菜生产上常规品种越来越少,逐渐被杂交种代替。白菜甘蓝类蔬菜中小白菜、菜薹、芜菁、球茎甘蓝、芥蓝、羽衣甘蓝还有常规品种使用。

第二节 杂交种途径

一、利用自交不亲和系制种

(一)概 念

自交不亲和性是指雌雄二性的配子都有正常的受精能力,在不同基因型的株间授粉能正常结籽,但花期自交不能结籽或结籽率极低的特性。具有自交不亲性的植株经各代自交选择后其自交不亲和性能稳定遗传,同一株系的后代株间相互授粉亦不亲和,这样的系统称为自交不亲和系。

(二)原 理

利用自交不亲系生产一代杂种种子很方便,将2个系统隔行种植,任其相互授粉即可得到杂种一代的种子,正反交都可以利用。

二、利用高代自交系的自交迟配特性制种

(一)概 念

白菜甘蓝类蔬菜授粉受精中,当同系或同株的花粉和外来异源花粉同时授粉时,外来异源花粉优先萌发受精,同系或同株的花粉迟缓受精的特性叫选择受精或自交迟配现象。

(二)原 理

利用白菜甘蓝类蔬菜高代自交系的自交迟配特性,当2个自交系花期一致,充分授粉的情况下,从2个自交系上可以

获得符合生产要求的杂交一代种子。

三、利用单隐性雄性不育两用系制种

(一)概　念

在一个群体内有一半植株是雄性不育株,另一半植株是雄性可育株,用可育株给不育株授粉,从不育株上收获的子代仍然是一半可育、一半不育,而可育株自交收获的子代表现为3/4 可育、1/4 不育,这种现象是由 1 个隐性不育基因(ms)决定的。显然这个群体从不育株上收获的种子保持了原群体的特性,可以作为保持系。如果拔除原群体中的可育株,不育株可作为雄性不育系用于杂交制种,一系两用,故称"雄性不育两用系",简称"两用系"或"AB 系",也可称"甲型两用系"或"甲型 AB 系"。

(二)原　理

"雄性不育两用系"就是具有 50% 不育株的群体,当去除全部可育株后就变成了 100% 的雄性不育系,也称不育系或A 系。由于不育系本身雄性器官表现退化、畸形或丧失功能,不能产生花粉或花粉没有授粉能力,柱头只能接受外来花粉,因而从不育系上收获的种子是 100% 的杂交种。

四、利用单显性雄性不育两用系制种

(一)概　念

在一个群体内有一半植株是雄性不育株,另一半植株是雄性可育株,用可育株给不育株授粉,从不育株上收获的子代仍然是一半可育、一半不育,而可育株自交收获的子代表现为全可育,这种现象是由 1 个显性不育基因(Sp 或 Ms)决定的。这个群体从不育株上收获的种子保持了原群体的特性,可以作为保持系。如果拔除原群体中的可育株,不育株可作为雄性不育系用于杂交制种,一系两用,故称"雄性不育两用系",简称"两用系"或"AB 系",也可称"乙型两用系"或"乙型 AB 系"。

(二)原 理

与单隐性雄性不育两用系相同。

五、利用单显性温度敏感雄性不育系制种

(一)概 念

由一对显性主效核基因(Ms)控制的不育性,在杂合状态(Msms)下,其不育性具有温度敏感性,在一定的遗传背景和环境条件下,可出现有生活力的微量花粉。用这种具有微量花粉的不育植株自交,可从后代中分离出不育基因纯合(MsMs)的显性雄性不育株。纯合显性雄性不育系的不育性极为稳定,在不同生态环境条件下不出现花粉。因此,纯合显性雄性不育株不能自交繁殖,需要在实验室条件下用组织培养的方法保存、扩繁。

(二)原 理

用纯合显性(MsMs)不育植株与普通自交系(msms)或相应的姊妹系杂交可获得一代不育株率达到 100%、不育度达到或接近 100% 的不育群体(Msms),再用这个群体与普通自交系杂交可以获得 100% 的杂交种。

六、利用核基因互作雄性不育系制种

(一)概 念

张书芳(1990)提出核基因互作假说,认为不育性由 2 对核基因控制,其中一对是 Sp 和 sp,另一对是 Ms 和 ms。Sp 是

显性不育基因,sp 是隐性可育基因。Ms 是显性可育基因,ms 是隐性不育基因。显性可育基因 Ms 对于显性不育基因 Sp 具有上位性。通过一定的遗传设计和育种手段可以得到 100% 的雄性不育群体。

（二）原　理

根据核基因互作雄性不育的基本假设,获得了甲型两用系和乙型两用系,由甲型两用系的不育株和乙型两用系的可育株杂交可以得到 100% 不育的群体,用该群体与配合力优良的自交系杂交,从不育株上收获的种子是 100% 的杂交种。

七、利用显性复等位雄性不育系制种

（一）概　念

复等位基因假说(冯辉,1996)认为,在控制育性的同一位点上有 Ms^f,Ms 和 ms 3 个复等位基因,Ms^f 为显性恢复基因,Ms 为显性不育基因,ms 为隐性可育基因。不育株有 2 种基因型 MsMs 和 Msms,可育株有 Ms^fMs^f,Ms^fMs,Ms^fms 和 msms 4 种基因型。

（二）原　理

根据复等位基因假说,可以选育出甲型两用系(MsMs, Ms^fMs)和乙型两用系(Msms,msms),甲型两用系的不育株 MsMs 与乙型两用系的可育株 msms 杂交产生 100% 的不育株群体 Msms,以 100% 的不育株群体为母本与可育的优良父本杂交,可生产 100% 的杂交种。

八、利用细胞质雄性不育系制种

（一）概　念

由单一细胞质不育基因(S)控制的不育性叫细胞质雄性

不育,简称为胞质不育(CMS)。纯粹的胞质不育表现为母性遗传,所有品种都是它的保持系,所以通过连续回交的方法,经过 5 代左右基本可以转育成新的不育系。白菜甘蓝类蔬菜的 OguCMS 属于这种类型。一般这种类型的不育株率和不育度均为 100%。

(二)原　理

由于细胞质雄性不育系不育株率和不育度均为 100%,所以当其与父本杂交时,从不育株上收获的种子为 100% 的杂交一代。

九、利用核质互作雄性不育系制种

(一)概　念

核质互作不育型的不育性由核基因和细胞质基因共同控制的,也简称为胞质不育。其不育细胞质基因用 S 表示,可育细胞质基因用 F 表示;不育细胞核基因为 ms,可育细胞核基因为 Ms。其育性遗传受细胞质基因和细胞核基因互作决定,只有细胞质和细胞核同时为不育基因时植株才表现不育。因此,一个具有核质互作雄性不育的植物,就育性而言,可育基因型有 5 种 S(MsMs),S(Msms),F(msms),F(MsMs)和 F(Msms),不育基因型有 1 种 S(msms)。

(二)原　理

由于白菜甘蓝类蔬菜都是以营养器官作为产品,不需要恢复育性,所以在杂交种的配制、生产上,核质互作不育与细胞质雄性不育完全相同,只是不育系的选育上要复杂一点。

十、利用温度敏感核质互作雄性不育系制种

(一)概　念

温度敏感核质互作雄性不育指不育性由不育细胞质基因(S)、不育核基因(msms)和温度敏感核基因(tt)共同控制的雄性不育,又简称为温度敏感胞质不育(TCMS)。其基因型为S(msmstt),即不育性的表达受细胞质基因 S 和细胞核基因ms 决定,同时受温度的调节,在一定的温度条件下,可以表达为可育,自交结实正常。因此,可以在不育状态下生产杂交种,在可育状态下自己繁殖,一系两用,省略了保持系。

(二)原　理

通过选择一定的气候条件或人工诱导处理,使温度敏感胞质不育分别表现雄性不育或雄性可育,在不育状态下生产杂交种,在可育状态下自己繁殖保持。

第三章　白菜甘蓝类蔬菜采种方法、种子繁育制度和供种方式

第一节　采种方法

一、成株采种

成株是指达到品种商品性状成熟时的植株。不同的种类和类型其商品特征不同:大白菜和结球甘蓝要求结球紧实,小白菜要求品种特征符合市场要求,芜菁要求肉质根充分肥大,

花椰菜要求花球紧实,青花菜要求花球达到商品要求,球茎甘蓝要求变态茎充分肥大,等等。以具备商品特征的植株做种株进行采种叫成株采种。成株采种也叫结球母株采种或大株采种。由于成株采种能在商品成熟期按品种的标准性状选择优株,因而生产出的种子种性纯正,一般是原种、原原种生产中采用的采种方式。其缺点是冬前收获时植株过分衰老,冬季贮存中养分消耗过多,春季定植时地温偏低,因而定植后发根慢,长势弱,病株死株多,缺株断垄十分严重,产量低而不稳,生产成本高,在生产种生产中难以大量应用。

秋大白菜和秋甘蓝一般是在8月上中旬播种,11月下旬成熟收获,选择优良植株直接定植在温室开花采种或窖藏越冬,翌春定植于网棚采种。

对于春大白菜、甘蓝、夏大白菜、甘蓝等,由于产品成熟时,外界温度升高,不利于开花授粉,只有采用异地采种或组织培养方法采种,但成本更高。

二、半成株采种

用具有部分商品特征(如半结球状态)的植株做种株采种叫半成株采种。其具体方法和成株采种相同,只是将播种期推迟一定的天数(一般10~20天)。这种采种方式可以对种株的结球性、耐热性进行一定的选择,而且翌年种株成活率高,产籽大,种子产量和小株采种相近,防杂保纯效果较小株采种优越。而且一般可以露地越冬,或简单覆盖越冬,不需窖藏越冬。

三、小株采种

用没有商品特征的植株小苗做种株采种叫小株采种。根据小株采种的播种时期,有秋播小株采种和春播小株采种。冬季无严寒地区,一般是晚秋播种,以 7～8 片叶的植株露地越冬,春暖天长后抽薹、开花、结籽,这就是秋播小株采种。不能露地越冬的严寒地区,一般是冬季(1 月左右或早春直播)阳畦育苗,3 月定植于大田,春暖天长后抽薹、开花、结籽,这就是春播小株采种。

小株采种的突出优点是种子产量高,生产成本低。因为翌春抽薹时的秋播种株,已是约有 10 片叶子的健壮大苗,生活力远比冬前结球的种株旺盛得多,其根系冬前已充分发育,春季又继续生长,且没有受伤,远比结球种株发达,所以越冬死苗率低。表 3-1 为大白菜采种方式对种株生长及开花结荚的影响。

表 3-1 大白菜采种方式对种株生长及开花结荚的影响

(朱宗元等,1981)

品 种	采种方式	主花茎(厘米)		一级分枝(厘米)		主枝花数(朵)	单株荚数(个)	死株率(%)
		高	粗	长	粗			
城阳青	成株采种	113	2.3	79	0.9	58.5	213.5	41
	小株采种	146	3.7	127.8	2	87	443.5	25
小青口	成株采种	84.8	1.5	71.2	0.8	53		36
	小株采种	129	2.6	100.6	1.8	78.4		0

春播小株采种因播种迟,种株的长势及产量较秋播小株稍差,但仍优于成株采种。所以小株采种是生产种生产中最常用的采种方式。

小株采种因播种时避开了 8 月的高温,抽薹时尚未结球,所以无法针对种株的特征(如结球性、耐热性)选择优株,一代接一代的小株采种必然导致品种退化。故小株采种方式收获的种子一般不再用于种子生产。

第二节　种子繁育制度

种子繁育制度是指为了保证种子质量而建立的不同级别种子生产的程序和规程。白菜甘蓝类蔬菜种子通常分为原原种、原种、生产种三级种。由原原种生产原种，由原种生产生产种。原原种也叫育种者种子，保持着品种的原始特性，通常是由严格选择的成株繁殖所得，数量较少，一般不直接用于生产，而是用来生产原种，2～3 年繁殖 1 次；原种由原原种的成株通过去杂去弱，混合繁殖所得，一般 3～4 年繁殖 1 次，通常也不直接用于生产，而是采用其小株混合采种生产生产种。对于杂交一代种子，原原种就是由亲本成株生产的种子，原种就是原原种半成株或小株生产的亲本种子，生产种就是由双亲半成株或小株通过杂交获得的杂交种。

在实践应用中，根据情况可以采用以下 5 种繁育制度。

一、成株一级繁育制

指在白菜甘蓝类蔬菜收获时选择符合品种标准性状的植株，窖藏越冬后栽植在隔离区内，或采用组织培养方法扩大群体进行采种。所收获的种子直接用于生产田，收获时再选留种株，如此一代接一代地进行下去，见图 3-1。由于不分繁殖用种和生产用种，仅生产出一个级别的种子，故称成株一级繁育制。这种方法已经很少大规模应用，只在少量零星作物上还使用，而且多属于农户留种。

图 3-1　成株一级繁育制模式程序

这种繁育制度简便易行,但容易引起品种混杂退化、基因漂移。因为每年生产田需要大量种子,成株采种产量不高,要满足菜田用种就必须选留尽可能多的种株,因而很难坚持严格的选株标准;一代接一代繁殖下去,必然使品种退化;由于每年的条件各异,选择的群体有限,常常使没有表达的基因丢失,长期下去,遗传背景越来越窄。

二、成株、成株二级繁育制

将春季收获的原种级种子(原种及原种一代、二代等)分成 2 份,一份通过选优采用成株采种法生产原种级种子,另一份通过去杂去劣采用成株采种法生产生产种级种子,年年如此进行即可,见图 3-2。

图 3-2　成株、成株二级繁育制模式程序

这种方式生产的生产种,种性质量好,但种子产量低,不能满足需要。

三、成株、小株二级繁育制

将春季收获的原种级种子(原种及原种一代、二代等)分成 2 份,一份用秋播小株采种法生产生产种级种子,另一份用成株采种法生产原种级种子,年年如此进行即可,见图 3-3。

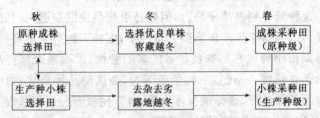

图 3-3　成株、小株二级繁育制模式程序

在这种繁育制度中,生产种是用原种级种子直接繁殖出来的,种性纯正。生产种又是用小株采种法生产出来的,种子产量高,既满足了菜田用种需要,又减少了原种级种子用量。由于原种级种子用量较少,就可以按品种的标准性状进行严格的选择,确保了原种质量,防止了品种退化,因而具有很高的实用价值,成为种子生产者普遍采用的繁育制度。

四、成株、成株、小株三级繁育制

在成株、成株二级繁育制的基础上,用二级成株采种的种子再小株生产一次生产种。这种繁育制可以说是标准的三级繁育制,形成原原种、原种和生产种,较成株、小株二级繁育制的繁殖系数提高很多,有很高的实用价值,成为育种者普遍采用的繁育制度,见图 3-4。

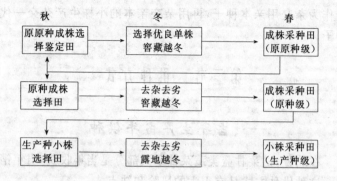

图 3-4 成株、成株、小株三级繁育制模式程序

五、成株、小株、小株三级繁育制

在成株、小株二级繁育制的基础上,用小株采种的种子再小株生产一次生产种,这样的生产种种性往往较差,但繁殖系数最高,在原种级种子太少时,可以临时采用,最好不要经常采用,见图 3-5。在杂交一代制种中,这种模式采用较普遍,即以成株繁育的种子作为亲本原种,以亲本原种小株生产的种

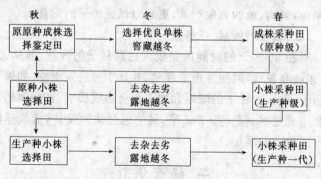

图 3-5 成株、小株、小株三级繁育制模式程序

子作为杂交用亲本种子,再用杂交亲本的小株生产杂交一代种子。

第三节　供种方式

一、当年生产当年供种

在北方,白菜甘蓝类蔬菜种子大部分是当年收获,当年销售。这种供种方式具有很大的风险和缺点。

(一)种子纯度无把握

一般从种子收获到销售仅 40～50 天的时间,无法进行田间成株纯度鉴定,苗期鉴定也是同种子销售同步进行,无法指导销售。目前,大部分单位还不具备快速鉴定的设施,也没有有效的快速鉴定方法。往往只是凭亲本纯度、制种区的隔离距离、蜂源情况、花期相遇等经验估计一个大概的纯度范围。同时由于种子是委托给许多农户繁殖,农户的个人素质也千差万别,一旦出现问题,也难以去查找和追究责任。在种子紧张的年份,套购、抢购现象严重,更难以保证种子的质量。

(二)销售时间紧、任务重

要在 30 多天的时间内完成大白菜种子的收获、收购、加工、包装和发运,时间是很紧张的。并且季节进入雨季,如果连续阴天下雨,对种子的晾晒和加工都会造成影响。在我国的西北和东北地区,播种季节较早,只能通过快运发货,造成运输紧张和成本的增加。

二、隔年供种

所谓隔年供种就是把当年生产的种子经过秋天田间纯度

鉴定,合格的种子第二年供应市场。隔年供种方式的提出,有其科学的依据。白菜甘蓝类蔬菜种子属长命种子。晒干后,在普通种子仓库内,贮藏1～2年,发芽率仍能达到质量要求。在低温低湿的库房内,充分干燥的种子可保存更长的时间,因此采用隔年供种是可行的。采用隔年供种的方式可以有效克服"当年产销"模式的弊端,亦有以下优点:①由于有充分的时间进行田间纯度鉴定,能淘汰不合格种子(农户),保证销售种子的纯度;②有些白菜甘蓝类蔬菜种子存在休眠现象,当年新种子发芽率低,而贮藏一段时间,休眠结束后发芽率提高;③能够实现周年供应,满足全国各地不同播种时间的要求;④可以根据天气状况晾晒、加工、包装种子,确保达到国家规定的标准。

第四章　大白菜制种技术

大白菜(Heading chinese cabbage),又名结球白菜,原产我国,是我国分布最广、栽培面积最大的蔬菜作物。结球白菜曾一度成为我国北方地区的"当家菜",即使是今天,结球白菜依然在蔬菜生产中占有相当重要的位置。大白菜在黄河以北大中城市郊区,占秋菜播种面积的50%以上,东北地区约占60%,长江流域占15%～20%。近年来,春大白菜、夏大白菜的兴起,又促进了大白菜的二次发展,南方各地大白菜的栽培面积增加迅速,栽培面积呈上升趋势。在国外,大白菜在东南亚有着广阔的市场,近年来大白菜已经进入欧美市场,发展前景十分看好。按播种面积推算,我国每年大白菜的需种量为100万～200万千克。

第一节　开花结实习性

一、春化与花芽分化

大白菜是种子春化型作物,从萌动的种子到结球的成株,都能感受低温效应,只要达到一定日数的合适低温,都可通过春化。大白菜通过春化的温度范围为 1℃～15℃,以 3℃效果最好。大白菜品种间通过春化时对温度的要求差异较大,春大白菜在 2℃～13℃的低温下需要 25～30 天才能通过春化,秋大白菜在 2℃～13℃的低温下经过 10～15 天可通过春化,夏大白菜在 10℃～15℃的较高的温度下经过 15～20 天可通过春化。温度低于 2℃时生长点的细胞分裂不甚活跃,春化速度较慢,高于 4℃时,胚根伸长显著加快,所以适宜的春化温度是 2℃～4℃。由于低温效应可以累积,故低温间断不影响大白菜通过春化。

通过低温阶段后,较高的温度和较长的光照有利于抽薹开花,适宜的光照时间是每天 14～20 小时,适宜的温度是 18℃～20℃。25℃以上的持续高温将使花芽发育速度减慢,温度越高抑制越显著,没有通过春化时持续的高温将使春化停止或逆转,而使大白菜继续进行营养生长。

春化阶段完成后,大白菜苗端就停止叶片的分化,进入花芽分化,即转化为生殖端。此时,大白菜的叶片数已经确定。大白菜苗端向生殖端转化,是在感应低温的缓慢生长中与春化同时进行的。一般种株感应低温的时间愈长,感应低温时的生理年龄愈大,则花芽分化愈早,花芽素质愈高。如果感应低温的时间很短或春化后生长在 30℃以上的高温下,则花芽素质差,抽薹开花迟,畸形花多,落花严重,种子产量大幅度降低,在春播小株采种中应特别予以注意。

二、抽薹与分枝

通过春化后,开始花芽分化的种株,在较高的温度和较长的日照下,即可迅速抽薹和分枝。大白菜是总状花序,先由生长点或短缩茎顶端抽生出主花茎,接着在主花茎上从下向上,依次从主花茎的茎生叶叶腋中抽生一级分枝,健壮种株还可继续抽生二级、三级分枝。各级分枝及主茎顶端是短缩的总状花序,从下向上陆续开花。随着开花,总状花序逐渐伸长。

作者通过对矮桩叠抱、高桩叠抱和高筒类型的 3 种大白菜自交系观察发现,大白菜的分枝习性,不同品种间差异较大。一级分枝有的多达 12～18 个,有的仅 8～9 个。一级分枝较多的品种,大多仅抽生二级分枝,三级分枝很少。而一级分枝较少的品种,大多三级分枝多,也可抽生出四级分枝,这样的品种花期长,种子成熟时间不集中。

三、授粉与结实

大白菜是异花授粉虫媒传粉植物,黄色花瓣和芳香的气味具有吸引昆虫的作用,传粉的昆虫主要是蜜蜂和蝇类。因此,利用人工或昆虫授粉是提高结实率的重要措施。

大白菜的花一般在上午 8～10 时开放,花瓣平展成"十"字形,随后花药裂开,散出花粉。雌蕊柱头在开花前 4 天和开花后 2 天,受精结实率差异不大。开花前花药中的花粉已经具有萌发能力,以开花当天的花粉生活力最强。自然条件下,花粉生活力可保持 6 天以上。若温度高、湿度大,或在阳光下曝晒,则寿命缩短。就花枝来说,花从下向上开放,每天开 4～6

朵。单株的有效花期为 20～30 天,开花期的适宜温度是 15℃～ 24℃。30℃以上授粉受精不良,造成花而不实;10℃～ 15℃条件下,花器生长缓慢;0℃～5℃,开花无效;0℃以下,花蕾死亡脱落。

一般授粉后,经过 30～60 分钟,花粉管进入柱头,18～24 小时完成受精,形成合子,3 天后花冠变色、凋萎,4～5 天后花冠脱落,受精 7 天后胚珠开始膨大。从受精到种子成熟一般需要 30～40 天,刚成熟收获的种子有轻度休眠,低温处理、用赤霉素或硫脲溶液浸种、剥除种皮等,均可打破休眠。

大白菜主花茎的始花期最早,稍后是一级分枝,二级和二级以上分枝的始花期极显著地晚于一级分枝,多在种株生长的后期开放,常形成瘦小秕粒。因此,种株上的有效种子主要来自主花茎及一级分枝。

大白菜单株开花数主要取决于花序数和分枝数,一般一株平均开 1 500 左右朵花,变幅在 1 000～2 000 朵之间。品种间的开花数分布随分枝习性而变,其中主花茎上花数占6%～9%,一级分枝和二级分枝占 80%。单株平均结荚数占开花数的 60%左右,主要分布在一级分枝和二级分枝上,不同品种间也有较大差异。结荚率一般是一级分枝＞主花茎＞二级分枝。个别冬性较弱的品种,因早春温度低,使主花茎基部的花多为无效花,结荚率也很低。

张金科等(1993)、杨建平等(1999)都以鲁白八号为试验材料,经研究认为在大白菜选种及良种繁育过程中,应以提高二级及一级分枝数和座果率来达到单株种子高产的目的。在大白菜种子产量构成因素中,种株主要通过增加分枝数,进而增加结荚数和粒数,最终使产量增加。因此,在栽培管理中,应以增加分枝数,尤其是一级分枝和二级分枝,作为主攻方向。

第二节 常规品种的种子生产技术

一、原种生产的方法和程序

一个优良大白菜品种(常规种或杂交种),经几年种植后常因种种原因而出现混杂、生产力退化等现象。此时若无合格的原种以供种质更新,则需通过选优提纯的方法再生产原种。大白菜为异花授粉作物,常用的选优提纯方法有母系选择法、双株系统选择法和混合选择法,以母系选择法效果较好。其程序如下。

(一)单株选择

按照本品种的标准性状制定出具体的选择标准,通过秋季田间选择、冬季窖内选择和春季抽薹期选择,获得表现型符合本品种标准性状的大量植株。

1. 秋季田间选择 应在纯度高、面积大的种子田中选优株,在莲座期和结球期进行,主要根据株型、叶色、叶片抱合方式等性状进行选择,选择符合本品种标准性状的无病植株约 200 株,收获时将入选株连根挖出,窖藏过冬。

2. 冬季窖内选择 结合翻转种株、切头,淘汰脱帮早、侧芽萌动早、裂球早和感病的植株。此次淘汰后剩余的植株,最好在 100 株左右。

3. 春季抽薹期选择 翌春定植后及时拔除病株、弱株、抽薹过早或过迟的植株。此次淘汰后剩余的植株,最好在 30 株左右,开花期系内株间自由授粉,种子成熟后按单株分别留种,供秋季株系比较之用。

(二)株系比较

秋季将入选株的种子按株系播种,每株系播一小区,每小区50株,各株系顺序排列,每5个株系设一对照(对照为本品种选优提纯前的原种或生产种),周围设保护行,常规管理。在性状表现的典型时期,按单株选择时的项目、标准和方法,对各株系的群体表现进行观察和比较,收获时测产,最终选择符合本品种标准性状、株间高度一致、产量显著超过对照的优良株系若干。对性状表现相同或十分相似的株系,去杂去劣后混合收获、窖藏,翌春混合留种,这就是本品种的原原种种子。

如果株系圃中没有符合标准的株系,则应在优系中继续选择优株,分株留种,继续进行株系比较,直到达到目标为止。

(三)混系繁殖

将入选株系的种子秋播,以选优提纯前的原种或生产种为对照,鉴定所选原原种的生产能力和性状表现。如果确实达到国家规定的质量标准,则全田混合收获种株,窖藏越冬后混合留种,即为本品种的原种种子。

二、原种生产的技术要点

不论是用选优提纯的方法生产原种,还是用品种选育者提供的原原种生产原种,或者是用原种生产原种一代、二代等原种级种子,都必须采取优良的栽培管理技术,才能生产出合格种子。

(一)结球种株的培育

1. 整地做垄　大白菜生长期长,生长量大,但根系分布浅,因此深耕施肥、精细整地极为重要。为了在播种前有足够的时间深耕施肥,最好选西葫芦、矮生菜豆、大蒜、早黄瓜、早番茄等为前茬,也可以大麦、小麦等为前茬。前茬结束后尽早深耕晒垡，每 667 平方米施农家肥 5 000 千克、过磷酸钙 25 千克做基肥。播前浅耕细耙做畦，秋雨过多的地方应采用高垄栽培，既可防涝防病，又可诱导根系向深土层伸长。高垄栽培的缺点是地表受热面积增大，地温高，给幼苗生长带来困难。故垄不可过高，以 15 厘米左右为宜。垄距因品种而异，早熟品种 50 厘米，中熟品种 55～60 厘米，晚熟品种 60～66 厘米。为保证灌水均匀，垄沟底部要平，垄面要踩实，垄长不超过 10 米。

2. 播种期和密度　原原种和原种级种子生产的播种期，应比菜用栽培的提早 3～5 天，或者同期播种，一般不要推迟。陕西关中地区晚熟品种立秋前 2～3 天播种，中熟品种立秋后 3～4 天播种，早熟品种 8 月 15 日前后播种。迟播病害轻，收获时入选种株不过分衰老而使种子产量提高，但迟播往往不能形成充实的叶球，因而不能根据球形、球重、紧实度等性状进行严格选择，也不能根据抗病性和耐热性进行选择，长期迟播必然导致种性退化。留苗密度可较菜用栽培稍稀些，以利于植株健壮生长，使其优良性状充分表现出来，便于选择优良植株。

3. 施肥灌水　和菜用栽培一样，种株田的追肥可在团棵期、莲座期、结球前期和中期分次进行，氮肥用量应稍低于菜用栽培，适当增施磷钾肥。灌水时，前期与菜用栽培相同，如苗期小水勤灌，降温保苗，莲座后期控水蹲棵，促进根群向深土层伸长，抑制外叶徒长，促进结球，蹲棵结束后经常保持地面湿润。有所不同的是，进入结球中期以后种株田要减少灌水次数，采收前 20 天停止灌水，减少氮肥用量和后期控水，目的是使种株生长充实，提高耐藏性，减少翌春定植后的死亡率。

4. 选择和收获　种株田应较菜用栽培早 3～4 天收获，以便晾晒入窖。收获前去杂去劣，淘汰株型、球形明显不符合品种特性的植株,以及包球不紧实的、感病的植株。其余为入选株,将其连根挖出,尽量不要使根系受伤。

(二)结球种株的越冬管理及种株处理

1. 打窖　根据入选种株数量在收获前10～20天打窖,窖晾晒3～4天。一般选择地势高、距离定植地近的田块打窖,窖东西走向,宽1.3米,深60～70厘米,长10米。

2. 窖菜　刚刚收获的种株含水量高,马上入窖常因高温高湿而腐烂,需先晾晒一下。方法是将种株根部向南、头部向北,单层摆放1～2天,再翻转使接触地面的一侧晾晒1～2天,以减少外叶水分,促进根系伤口愈合,同时去除病叶、老叶。从窖的一头开始,在窖内按南北方向挖一浅沟,把种株菜根埋入沟中,注意要埋严,踏实,不要漏缝、透风。

3. 菜窖管理　种株入窖后,由于温度下降,要及时准备好盖窖的材料。坚持白天揭、夜晚盖,严冬季节,晚揭早盖,下雪后及时扫雪。保持窖温1℃～2℃,空气相对湿度维持在60%左右。

4. 切头　根据情况,在气温回升时切头,使花薹容易从叶球中抽出。切头的方法很多,如一刀平切、三刀锥形切、环切等。比较常用的是三刀锥形切,即由距根基部10厘米左右的叶球处,向上斜削三刀,使残留在种株上的叶球呈三面锥体。切头后继续假植在窖内,大约半个月后叶球伤口愈合,残叶返青,此时定植发根快,成活率高。结合切头淘汰侧芽萌动早的种株。

(三)种株的定植和田间管理

1. 网棚准备　大多数情况下,原种生产采用网棚,即利用30～40目的尼龙纱网覆盖隔离。同时要求周围100米范围内,不可种植与大白菜同种的近缘作物和近缘种。

2. **隔离区选择**　露天自然采种,为确保种子纯度,采种田周围2 000米范围内,不可种植与大白菜同种的近缘作物,如大白菜的其他品种、小白菜、瓢儿菜、白菜型油菜、菜薹、芜菁等。能与大白菜天然杂交的近缘种,如甘蓝型油菜、芥菜等,也应有1 000米以上的隔离距离。

3. **定植时期**　当10厘米深地温稳定在6℃～7℃时露地定植,陕西关中地区的定植期为2月下旬至3月上旬。确定种株定植期的基本原则是:在不遭受冻害的前提下,尽量提早定植,同时考虑种株不能在窖内抽薹。

4. **定植密度**　网棚成株采种每667平方米可定植2 000～3 000株,做宽垄窄畦,有利于人工授粉;露天成株采种每667平方米可定植3 000～4 000株。稀植虽可增加二级分枝而使单株产量稍有提高,但却因株数减少而使单位面积产量降低。据观察,大白菜种株二级及二级以上分枝的增减,对种子产量无明显影响。合理密植能有效地抑制二级分枝的发生,增加单位面积上的一级分枝的数量,从而使种子产量大幅度提高。

5. **地膜覆盖**　种株定植后及时覆盖地膜,一方面可以提高地温,另一方面可以减少土壤水分蒸发,防止杂草丛生,减少灌溉次数,从而减少了种株由于烂根造成的大量死苗现象。

6. **灌水施肥**　结合整地,采种田每667平方米施农家肥5 000千克、过磷酸钙30～40千克做基肥。定植时要埋住种株根系,踩实根际土壤,种株不可入土过深,避免把短缩茎埋入土中。定植后不要随即灌水,以免土温过低引起烂根。若土壤干燥,3～5天后灌水。始花时结束蹲苗,每667平方米施尿素15～20千克,勤灌水,经常保持地面湿润。适时插竹竿绑枝,防止种株倒伏。花期结束时(主花茎和一级分枝谢花,二级分枝尚继续开花),每 667 平方米施氮磷复合肥 10～15 千克,继续保持地面湿润。后期适当控水,以免贪青晚熟,但不可干旱,否则秕粒增多。田间部分角果挂黄时进入黄熟期,应完全停止灌水。

(四)种子的采收

大白菜角果黄熟后稍有震动便开裂落粒,为减少损失,最好分次在有露水的早晨收割,及时脱粒、清选、晾晒。每 667 平方米一般可产 50～100 千克原种种子。

三、小株露地越冬生产生产种

大白菜是半耐寒性蔬菜,有 7～8 片叶的幼苗,在月平均温度不低于 -2℃、极端最低气温不低于 -8℃ 的地区,可露地安全越冬。在这类地区,大白菜通常在 9 月下旬直播于田中,播种过早,越冬时种株过大,抗寒能力降低,死苗多;播种过迟,越冬时种株过小,根系弱,死苗亦多,而且翌春抽薹时营养体小,主薹细弱,分枝少,产量不高。播种以平畦穴播为好,行距 40～45 厘米,株距 33 厘米,出苗后结合间苗淘汰杂劣病株。大雪前后灌封冻水 1 次,惊蛰前后灌返青水,抽薹时定苗,每 667 平方米株数达 4 500～5 000 株。此后按原种田的管理原则进行日常管理。

四、春小株育苗生产生产种

冬季严寒不能露地越冬的地区,一般采用春播育苗,天气转暖后定植在隔离区中。春季播种期极为重要,播种过早,温度较低,幼苗很小就开始花芽分化,定植后只有 2～3 片叶子就开始抽薹,种子产量很低。播种过晚,因温度已经很高,生长点花芽分化缓慢,定植后营养生长过旺,抽薹开花很晚,甚至有部分植株不能抽薹,种子产量亦很低。适宜的播种期,应是使定植时的种株达到有 6～7 片真叶,且为未抽薹的状态。定植后的管理同小株露地越冬生产生产种。

第三节　一代杂种的制种技术

一、亲本的繁殖

(一)自交不亲和系的原种生产

大白菜自交不亲和系,其花期系内株间异交、株内自交皆不亲和的特性,解决了杂交制种中母本系统的雌、雄蕊隔离问题,保证了杂交种种子纯度,但给自身的繁殖带来很大困难。长期以来,许多学者为解决这一难题进行了大量的探索性工作,取得了不少进展。但到目前为止,应用于自交不亲和系种子生产的,主要是蕾期人工授粉和隔离区自然授粉 2 种方法。

1. 克服自交不亲和的方法

(1)蕾期人工授粉　这种方法目前在大白菜、小白菜、结球甘蓝、花椰菜、青花菜、萝卜等自交不亲和系繁殖中应用最普遍。方法是在开花前 2～4 天,将花蕾用镊子剥开,授以本株或同一自交不亲和系其他植株的花粉,种子成熟后即可获得大量自交不亲和种子,用于杂种一代生产。该方法存在蕾期人工剥蕾、授粉麻烦,且连续自交易造成亲本生活力衰退的问题。但是,通过增加自交不亲和系留种株数、采用系内株间授粉和选育自交衰退缓慢的株系等措施,可恢复和提高自交不亲和系的生活力。

(2)花期自然授粉　让自交不亲和系的植株在隔离区内自然授粉,所收获的种子即为自交不亲和系种子。隔离区自然授粉每一植株收获的种子实际上比蕾期人工授粉多。该方法省去了蕾期人工授粉的过程,还能减轻和延缓自交衰退。但连续多代花期自然授粉会使花期自交亲和性逐渐提高,应该每隔两三代测定一次亲和指数,选花期亲和指数低的株系供亲本繁殖用。

(3)化学药剂克服自交不亲和性　张文邦(1984)报道,用5%食盐水喷花,能提高甘蓝自交不亲和系的亲和指数。李元福(1986)报道,在大白菜自交不亲和系的开花期内,每隔1天用2%～10%食盐水喷花,亦能极显著地提高亲和指数。在花期自然授粉时应用这些成果,就能使单花结实数赶上甚至超过蕾期人工授粉,从而大幅度提高种子产量。用食盐水喷花克服自交不亲和的方法通常与蕾期人工授粉、自然授粉相结合使用。

对于不同的自交不亲和作物和品种,在应用该技术前,应对食盐溶液的适宜浓度、喷洒时间和喷洒次数进行必要的试验,以免给生产造成损失。

(4)钢刷授粉　钢刷是由直径0.1毫米、长4毫米的细钢丝制成。授粉时用钢刷先在成熟的花药上蘸取花粉,然后在柱头上摩擦,轻微擦伤柱头,可克服自交不亲和性,促进自交结实。钢刷法比较省工,不仅适用于未开放的花蕾,而且适用于当天开放的花。

(5)电助授粉器授粉　操作时,将授粉器主体装入衣袋中,将细针插入种株茎部或叶柄上,然后手拿铜刷蘸取花粉进行花期株系内授粉。该方法按照单位授粉时间内结籽数计算,比蕾期人工授粉工作效率大大提高。

(6)控制环境二氧化碳含量　利用温室、大棚等生产自交不亲和系种子时,在花期用5%～6%二氧化碳处理2～6小时,处理后进行人工辅助授粉或放蜂授粉,均可提高自交不亲和系的种子产量。但不同种类和品种花期适宜的二氧化碳浓度和处理时间不同,效果也有差异。因此,在处理前,最好通过试验确定适宜的二氧化碳浓度和处理时间。

此外,松原幸子(1985)用 50～100 克/升激动素、500 毫克/升精氨酸、1 000 毫克/升丝氨酸和天门冬氨酸、200～1 000毫克/升叶酸,胡繁荣(1988)用 100 毫克/升吲哚丁酸,花期喷洒,可有效克服大白菜、萝卜自交不亲和性,提高自交亲和指数;用 1%～5% 丙酮清洗花粉,或用 α 射线或 γ 射线处理花粉,或用切除柱头和切短花柱后授粉等措施,都有克服自交不亲和性的效果。

2. 蕾期人工授粉生产自交不亲和系原种　大白菜自交不亲和性一般具有明显的阶段表达特点,即蕾期和花期不亲和性存在差异,我们通常利用的是蕾期亲和、花期不亲和的系统。因此,在柱头尚未完全成熟,自交不亲和性尚未充分表现的蕾期人工剥蕾自交授粉,可以获得自交种子。

(1)种株培育　大白菜自交不亲和系的生活力很弱,秋季播种时可比菜用栽培的正常播期推迟 7～10 天,避过高温天气,否则幼苗生长不良,易感病死亡。播种后的田间管理、收获时的种株选留及窖藏越冬等,均与常规品种的原种生产相同。翌年 1 月中下旬将种株定植在日光温室或塑料大棚中,使之早返青,早开始人工授粉。无保护条件的地方可在 2 月中下旬露地定植,抽薹后用纱网隔离。为便于授粉操作,应宽窄行定植,宽行行距 80～100 厘米,窄行行距 40～50 厘米,株距 33 厘米。定植后的田间管理与常规品种的原种田相同。

(2)蕾期授粉　蕾龄、花粉活力及授粉技术是决定授粉后结实多少的 3 个主要因素。蕾龄愈大,自交不亲和性的表现愈充分,授粉后结实愈少。蕾龄过小,雌蕊无受精能力,也不结实。实践证明,开花前 2～3 天的花蕾是人工授粉的最佳蕾龄。由于一个花序每天自下而上开花 3～4 朵,所以从花序已开放的花朵中最上部一朵起,向上数第五至第十个花蕾就是当日授粉的最佳花蕾,切不可只图操作方便仅挑大蕾授粉。

授粉时先用粉刷在系内各株刚刚开放的花朵(花冠鲜黄色)中采摘花药,制成混合花粉,然后用镊子拨开适龄花蕾(不必去雄),露出柱头,千万不要刺伤柱头,再用粉刷(或铅笔尾端的橡皮头)轻轻给柱头授粉。一般每个花序只对中下部的 20 多个花蕾授粉,其余花蕾全部掐掉。整个授粉过程要认真仔细,不要碰伤雌蕊,不要扭伤花柄。种子成熟后混合收获留种,即为自交不亲和系的原种种子。

蕾期授粉安全可靠,目前几乎所有的自交不亲和系都用这种方法繁殖。缺点是用工多、产量低、成本高。自交不亲和系的蕾期亲和指数一般在 2～10 之间,极少有更高的系统,如果按 5 计算,千粒重 4 克,那么生产 1 千克种子就需人工授粉 5 万个花蕾。一个技术熟练的工人每天可授粉 500 个花蕾。

3. 花期自然授粉生产自交不亲和系原种　春季将自交不亲和系的结球种株定植在隔离区中,花期系内自由授粉,成熟后混合收获的种子,就是自交不亲和系的原种种子。

这种方法的主要优点是,不需人工剥蕾授粉,简便易行,且单株种子产量不低于蕾期人工授粉的产量,大大降低了生产成本。合格的自交不亲和系在花期自然授粉中,每朵花的平均结籽数不多于 2 粒,较蕾期人工授粉,单花结籽数大大降低,但可以利用的花朵数大大提高,所以两者的单株种子产量不会有太大的差异。即使花期自然授粉的单株产量比蕾期人工授粉的低,通过扩大面积、增加株数等简单措施,可获得足够种子。

花期自然授粉生产种子的突出缺点是,会使自交不亲和系的亲和指数逐代升高。因为自交不亲和系内各植株间的亲和指数是不完全相等的。在花期自交传代过程中,亲和指数高的植株繁殖的后代多,亲和指数低的植株繁殖的后代少,经过若干代后必使群体构成上的这一变异得到累积和加强,使花期亲和指数明显升高。蕾期人工授粉繁殖也存在这一问题,只是上升的速度稍慢些而已。

解决这一问题的方法是,将自交不亲和系分两级繁殖,即以蕾期人工授粉的方法生产自交不亲和系原种(成株采种),以花期自然授粉的方法生产自交不亲和系生产种(可小株采种)。原种可用来生产原一代种子和生产种种子(杂交种),见图4-1。

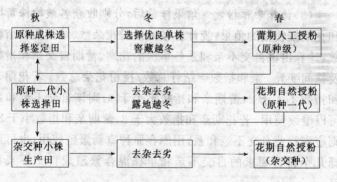

图 4-1　自交不亲和系原种的繁殖和杂交种生产

4. 自交不亲和系自交亲和指数测定　自交不亲和系的自交不亲和性在多代繁殖过程中,与其他性状一样,也会发生变化。所以每繁殖 2～3 代,就需进行一次自交亲和指数测定。对于花期亲和指数升高、蕾期亲和指数降低的予以淘汰,用库存原种重新生产,或者采用株系筛选提纯复壮。亲和指数测定方法如下。

(1)选枝套袋　先从待测自交不亲和系群体中,随机抽取10个以上植株作为被测定株。再从每个被检植株主花茎中部选取2个健壮的一级分枝,一枝做蕾期授粉枝,一枝做花期授粉枝。从每个一级分枝顶部的总状花序中选留发育良好的中下部花蕾25~30个,掐去下部已开放花朵及上部其余小花蕾后套袋,挂牌。蕾期授粉枝下部多掐5~7个大花蕾,上部多留5~7个小花蕾。

(2)剥蕾授粉　从套袋次日早晨起,先给蕾期授粉枝剥蕾,然后用粉刷从花期授粉枝上开放的花上取粉并授粉,然后给蕾期授粉枝授粉。授粉后立即套袋,防止花粉污染。每天如此,直到授粉枝上的全部花蕾、花朵授粉完毕为止。

(3)计算亲和指数　角果挂黄后,分别收获各被检株蕾期和花期授粉枝的角果;统计各枝的授粉花朵数、结荚数和结籽数,计算出该自交不亲和系各单株的花期、蕾期自交亲和指数及株间变异。亲和指数=结籽总数/授粉花朵总数。若花期亲和指数不大于2,蕾期亲和指数不小于3,则该自交不亲和系可以继续使用。若花期亲和指数大于2,蕾期亲和指数小于3,则应淘汰此自交不亲和系,用库存原种重新繁殖使用,也可选择几个符合要求的自交不亲和单株混合繁殖成自交不亲和系。

(二)普通自交系的原种生产

与常规品种的原种生产方法相同。

(三)两用系的原种生产

两用系内的可育株对两用系具有完全保持能力,用它给不育株授粉,其子代仍是两用系。所以,通常用隔离区自然授粉的成株采种法繁殖两用系的原种种子。即将两用系结球种株定植在隔离区内,花期自由授粉,角果成熟后从不育株上收获的种子就是两用系原种种子。其生产技术要点如下。

1. 种株培育　结球种株的秋季培养和田间选择,结球种株的冬季贮藏、春季定植及管理,以及建立隔离区等,均与常规品种原种田相同。

2. 系内植株的育性检查　两用系原种繁殖中,可育株上的种子并不是两用系的种子。可育株上的种子若和不育株上的种子发生机械混杂,必将使两用系内不育株率下降,给杂交制种带来麻烦。因此,必须在开花期内对两用系内每一个植株进行育性检查,给不育株挂牌标记。可通过植株花色、花蕾大小、株型等相关性状初步判断育性,开花初期最终统一确定育性。

3. 自然授粉或人工辅助授粉　在网棚内可以采用人工辅助授粉,在自然隔离区要求每 667 平方米放 1 箱蜜蜂。

4. 拔除可育株　为保证种子成熟后只从不育株上收获种子,严防可育株上的种子混入,在花期结束后应及时将全部可育株拔除干净。

(四)细胞核基因互作雄性不育系的原种生产

细胞核基因互作雄性不育系的原种生产(含上位假设和显性复等位假说),包括甲型两用系的原种生产、乙型两用系可育株(临时保持系)的原种生产和核基因互作雄性不育系的原种生产三方面内容,需 3 个隔离区。

1. 甲型两用系的原种生产　与上述两用系的繁殖程序完全相同。

2. 乙型两用系可育株的原种生产　与上述自交不亲和系的繁殖程序相同,但它一般是自交可育系,不需要蕾期授粉。

3. 核基因互作雄性不育系的原种生产　一般采用小株繁殖,在隔离区内按 2～4∶1 的行比栽植甲型两用系和乙型两用系可育株,同时要求甲型两用系加密 1 倍栽植。在初花期逐株检查甲型两用系行,及时拔除大约 50% 的可育株,同时拔除甲型两用系和乙型两用系可育株行中的弱株、变异株。花期自然授粉或人工辅助授粉,要求乙型两用系可育株的花期覆盖甲型两用系的花期,在甲型两用系花期结束后,拔除乙型两用系可育株行的植株,最后从甲型两用系的不育株上收获的种子就是核基因互作雄性不育系种子。

(五)胞质不育系的原种生产

即用于配制杂交一代的细胞质雄性不育系或核质互作雄性不育系亲本的繁殖,目的是为制种区提供制种母本。作为生产不育系原种的不育系和保持系种子必须来自成株。繁殖胞质不育系原种一代通常采用小株繁殖,在不育系繁殖隔离区内按 2～4∶1 的行比栽植不育系和保持系,抽薹、开花初期检查不育系的育性,拔除不育系行混入的保持系可育株,同时拔除不育系、保持系行中的弱株、变异株。花期自然授粉或人工辅助授粉,要求保持系的花期覆盖不育系的花期,在不育系花期结束后,拔除保持系行的植株,最后从不育系植株上收获的种子就是胞质不育系亲本种子。

(六)温度敏感核质互作雄性不育系的原种生产

通过选择一定的气候条件或人工诱导处理,使温度敏感胞质不育表现雄性可育,然后按自交系繁殖方法在可育状态下自己繁殖保持。

二、大白菜露地越冬制种技术

（一）隔离区选择

大白菜属十字花科芸薹属常异交作物，容易串花。因此，要求严格的隔离条件，制种田开阔地间隔 2 000 米以内不能有不同品种的大白菜、小白菜、黑油菜、瓢儿菜、菜薹、油菜、芥菜等作物，制种田四周有障碍物条件下（村庄、树林等），间隔要求在 1 000 米以上。

（二）土地要求

选择 2～3 年未种植过十字花科作物的田地。要求地势平坦，背风向阳，阳光充足，排灌方便，土质肥沃，最好为中性（pH 值为 6.5～7）砂壤土。

（三）育　苗

大白菜种子生活力一般较弱，种子发芽顶土能力较差，要求采用育苗方式。

1. 苗床准备　苗床选择在制种田就近处，要求排灌方便。一般每 667 平方米制种田需 10 米长、1.5 米宽的标准育苗畦 2 个。播种前 5～7 天，每畦施入优质腐熟过筛的农家肥 150 千克，过磷酸钙 2.5 千克，尿素 0.25～0.5 千克，充分拌匀，整平畦面。

2. 播种期确定　根据地区和双亲特性不同而异，陕西关中地区适播期为 9 月中旬左右。播种过晚，越冬时植株太小，容易冻死；播种过早，植株发育太快，同样不耐低温而造成越冬困难。

3. 播种方法　采用点播。播种前，搂平畦面并踏实，浇透水，待水渗下后，整平畦面，划成 8～10 厘米见方的方格，每个方格中央播 1 粒饱满种子，播完后上面覆薄薄一层细土（以种子盖严为度)。然后搭拱棚,覆盖遮阳网或塑料薄膜,光照太强时遮阳,阴雨时防雨。出苗后根据苗的生长情况,主要围绕除草、防虫、防病、遮荫等培养壮苗。壮苗的指标是苗粗壮,节间短,叶片色深、肉厚,根系发达。

(四)定 植

一般要求苗龄不超过 30 天、叶子 5 片时定植为宜,即以定植后至霜降前种株共有 13~15 片叶子、根系扎稳为标准。陕西关中地区一般于 10 月中旬左右定植。

1. 自交不亲和系制种 定植时按亲本行比要求,先定植一个亲本,定植完后再定植另一亲本。定植畦不宜太长,以免灌水困难。

2. 两用系制种 在制种田隔离区内按 2~4:1 的行比栽植两用系和父本系,要求两用系加密 1 倍栽植。在初花期逐株检查两用系行,及时拔除大约 50% 的可育株,同时拔除两用系和父本系行中的弱株、变异株。花期自然授粉或人工辅助授粉,要求父本系的花期覆盖两用系的花期,在两用系花期结束后,拔除父本系行的植株,最后从两用系的不育株上收获的种子就是杂交种。

3. 胞质不育系、核基因互作雄性不育系制种 在隔离区内按 3~4:1 的行比栽植胞质不育系或核基因互作雄性不育系和父本系,在初花期逐株检查、拔除胞质不育系或核基因互作雄性不育系和父本系行中的弱株、变异株,以及核基因互作雄性不育系行内的可育株。花期自然授粉或人工辅助授粉,要求父本系的花期覆盖胞质不育系或核基因互作雄性不育系的花期,在胞质不育系或核基因互作雄性不育系花期结束后,拔除父本系行的植株,最后从胞质不育株或核基因互作雄性不育株上收获的种子就是杂交种。

4. **定植密度** 一般每 667 平方米定植 4 000～4 500 株为宜,即株行距为 33 厘米×45～50 厘米,对于肥水充足的田块,栽植株数可适当减少,瘠薄的田地,栽植株数可适当多些。品种不同,定植密度也有差异。

5. **定植方法** 有 2 种,一种是"坐水移栽",即先在定植行开沟,沿沟灌水,随即将种株按株距摆正,然后一次把土覆平。另一种是先栽后浇水,即先刨窝,再摆苗,后浇水,水下渗后立即封窝。栽植时种苗要尽量保证土坨完整,少损伤根系,轻拿轻放,不要弄散土坨,以免伤根,否则生长不整齐,重者造成严重缺苗。

(五)越冬前田间管理

为了能使种苗安全越冬,若无阴雨天气,必须冬灌冬苫。冬至前后灌 1 次大水,灌后每 667 平方米施用农家肥 2 500～3 000 千克,覆盖 1 层农家肥后,撒施 1 层草木灰并培土,冬前结合查苗补苗进行 1 次选苗,拔除弱苗、病苗和杂苗。

(六)越冬后田间管理

1. **灌水** 土壤解冻后,视墒情及时灌 1 次水,对发苗非常重要,灌水过晚,容易形成老化苗,侧枝少,开花少,影响制种产量。当种株普遍现蕾,并大部分抽薹 6～7 厘米时,要及时灌水,避免土壤板结,切忌干旱。结荚到角果开始变黄前,控制灌水,一般不旱不灌,在遇到大雨时应及时排涝。角果开始变黄后,高温、强光有利于种子成熟,一般掌握"浇花不浇籽"的原则。

2. **施肥** 定植前,结合整地,每 667 平方米施农家肥 5 000 千克,并适当增施磷钾肥(可用草木灰)。现蕾抽薹时,结合灌水每 667 平方米追施尿素 10～15 千克,肥力较好的地块不必追肥。可在抽薹期、初花期叶面喷施 0.1%～0.15% 硼酸,以增加种子产量,硼肥结合 0.5%磷酸二氢钾喷施效果更好。

3. 中耕　开春后,气温比较低,为使种株快速生长,应及时中耕,以提高地温。在不伤害根系的前提下,中耕应尽量做到"勤、深、细"。

4. 摘心掐花　大白菜种株在进入抽薹期后,首先是主花茎开花,此时温度尚低,不利于授粉受精。主花茎先抽出,顶端优势较强,造成侧枝少,生长缓慢。及早摘心可促进侧枝的生长发育,分枝多,开花期也较一致,从而有利于传粉受精,提高种子产量。利用摘心措施,还可以调整父母本的花期。对早开花的亲本摘心,使其延迟抽薹,与另一亲本花期相遇。具体做法:当主花茎长至 5～6 厘米高时,把主花茎顶芽摘掉。这样可促进种株基部萌发侧枝,增加分枝及结荚数。在正常田间管理的条件下,摘心可有效地提高单株种子产量,从而增加单位面积产量。

大白菜种株花期过后,角果部分已成为全株的生长中心,为保证种株的养分供应,需及时进行掐花打顶。实际上,这时开的花为无效花,大部分不能形成种子或形成的种子不饱满。如果其中的一个亲本已谢花,则另一亲本自交率会提高,不利于提高种子纯度。因此,后期开的花,必须及时打去。

试验证明,采取前期摘心、后期掐花的技术措施,可使大白菜种子增产 10%以上。

5. 调节花期　为保证种子纯度,2 个亲本的花期要求一致。首先通过播种期调节花期,当出现一个亲本或单株开花较早时,要及时将已开的花摘除或将主花茎打顶,直到 2 个亲本的花期一致。当一亲本花期结束后,另一亲本继续开花时,也应打掉迟开的花朵。

6. 培土架扶　大白菜种株枝条细弱,到生长后期,头重脚轻,遇上风雨很易倒伏。倒伏后,一方面根茎部及根部受到损伤,影响水分、养分的输导,另一方面,倒伏的枝荚紧贴地面,种粒未熟即发生霉变而造成大幅度减产。因此,建议在开花前或初期,利用竹竿搭架,防止倒伏。另外,根部培土也是防止倒伏的一项有效措施。

7. 人工放蜂　大白菜是异花授粉虫媒花植物,利用蜜蜂授粉可以提高一代杂种的纯度和产量,应保证每 667 平方米制种田放 1 箱蜂。放蜂前要关箱净身 1 周,以防蜂身上存留有其他可串花的十字花科花粉对制种田造成污染。为使蜜蜂对制种田的大白菜花香建立条件反射,能集中在制种田范围内传粉,可采取诱导的方法。即在初花期采摘少量父母本开放的鲜花,浸泡在 1∶1 的糖浆中约 12 小时,在早晨工蜂出巢采蜜前,给每群蜂饲喂 200～250 克这种浸制的花香糖浆,连续喂 2～3 次,就能引导蜜蜂积极采集制种田的花蜜,提高授粉效果。

(七)病虫害防治

大白菜制种田的病虫害主要是霜霉病和蛴螬、蚜虫等。

霜霉病防治主要应加强苗期管理,避免苗床出现高温高湿现象,结荚期遇到阴雨天也容易发生霜霉病。若发现霉层,要及时喷 50%甲霜灵可湿性粉剂 500 倍液防治。

对蛴螬的防治主要是对床土提前过筛,增施的农家肥也要过筛,对未过筛的苗床土可在播种前结合灌水施入 50%辛硫磷乳油 1 200 倍液。

蚜虫多在叶背或心叶处吸食汁液,防虫要防早、防小,必须注意,用农药防虫一定在花前或花谢后,切不可在花期,以免杀死蜜蜂。防治蚜虫可选用 10%吡虫啉 1 500 倍液,或 3%

啶虫脒 3 000 倍液,或 50%抗蚜威可湿性粉剂 2 000～3 000 倍液等。

为了避免花期打药,最好的方法是在植株开花前针对上述多种害虫连续打药 3～4 次,这个时期对各种害虫防治越彻底,花期害虫数量就增长得越慢,就可能在末花期以前,把各种害虫控制在一个不致明显危害的程度上。当制种田母本进入末花期,应及时撤掉蜂箱,连续喷药 2～3 次,把害虫防治住。

(八)种子的采收

角果黄熟期即可采收,不可采收过早或过晚。采收过早,种子的成熟程度差,秕粒多,不仅产量低,而且质量差;采收过晚,角果很易开裂散落种子,影响产量。因此,根据当地情况,在角果黄熟、籽粒由绿变黑时采收比较适宜。另外,应注意即使同一地块大白菜种株的成熟度也不一致,应采取分期采收的办法,或者及早打花,促使成熟一致。为防止角果开裂散落种子,对成熟早的个别种株,可提前带口袋及剪刀到地里选择采收,待大部分种株进入黄熟期,即可集中收获。角果容易震裂,采收最好在上午 9 时以前带露水进行。用快镰刀或剪子等平地面把地上部主茎割断即可,一定不要连根拔起,以免带起土块而影响种子质量。剪割的种秸应轻放在平铺的麻袋或垫布上,收割后堆放 1 天左右,摊开晒透即可脱粒。注意不能堆放过久,以防霉变发热。不能在土地上脱粒,而应该在条带布或水泥土地上脱粒。

(九)种子的检验、保存

生产用大白菜种子执行国家 GB16715.2—1999 种子质量标准,要求纯度 96%以上,保证无其他种子混在里面;净度 98%,无沙土、无秕粒及其他杂质;含水量不超过 7%;新种子发芽率 96％以上。因此,生产的大白菜种子首先要进行质量检验,合格后方能出售。大白菜种子的保存条件要求低温、干燥。

三、大白菜保护地制种技术

也叫杂交种小株采种技术或春播小株采种技术。

(一)隔离区选择

同大白菜露地越冬制种技术。

(二)土地要求

阳畦育苗,土地要求同大白菜露地越冬制种技术。

(三)育　苗

1. **苗床准备**　选背风向阳处做阳畦。阳畦北墙高40～50厘米,南墙高10～15厘米,宽1.5米,东西两墙依南北墙高度打成斜坡。北墙每隔2米长设一个通风口。一般每667平方米制种田需10米长、1.5米宽的标准育苗畦2个。每畦中施入优质腐熟过筛的土粪300千克、过磷酸钙5千克、尿素1千克,充分拌匀。播种前5天将畦面整平,再撒入复合肥1千克,与床土混合均匀后用脚踏实整平,浇水渗透。再覆盖薄膜烤畦,提高床温。有条件的可以在温室育苗,只需做成育苗畦即可。

2. **播种期确定**　陕西关中地区适播期为12月中下旬;天津地区的适播期为12月下旬至翌年1月上旬;山东省大部分地区适播期为12月中旬至翌年1月中旬。

根据当地情况大白菜小株采种的播期也可适当提前。如山东地区可提早到11月中下旬,此时播种,气温和地温均较高,出苗快而齐全,一般5～6天即可齐苗。一旦发现某个亲本出苗不好,还可补种,有缓和的余地。由于播种早,可以控制幼苗的生长发育。可以根据天气状况早定植。但是,应该注意的是,对于个别冬性较弱的白菜亲本,不宜播种过早。播种过早,苗龄长,幼苗在苗床内即可抽薹,不利于定植。定植后也会生长不旺,过早衰老,影响种子产量。

3. 播种方法 可采用撒播或点播。撒播前,先把育苗畦整平并用脚踏实,然后灌大水,每标准畦撒复合肥 0.5 千克,待水渗下后,上面撒很少一层"稳土",将种子与适量的细土混匀、撒种,播种后覆 0.5～1 厘米过筛细土。点播常采用土坨育苗,方法是待水渗下后,先划成 8 厘米×8 厘米的方块,再单粒播种,也可以采用营养钵或纸筒育苗。点播法虽然费工,但出苗后不必间苗。同时,单粒播种用种量少,出苗整齐,营养面积大,不易徒长,定植带土坨缓苗轻,成苗率高。

4. 苗床管理

(1)播种后的苗床管理 温度保持 20℃～25℃,晚上覆盖草帘,白天揭开,保持薄膜干净,以接受更多阳光。当幼苗 2 片子叶展平、心叶露出时,适当通风,将床温降至 5℃～6℃,持续5～6 天,进行低温炼苗,可防止高脚苗,增加抗寒能力。随后适当控制通风,晴天白天床温保持 18℃左右,夜间床温保持 10℃～12℃,可促进幼苗生长。阴天床温可比晴天降低3℃～5℃。三叶至四叶期,开始放风炼苗,风口由小到大,逐渐增加,夜间最低温度掌握在 2℃以上,白天可逐渐揭开苗床薄膜,加强低温锻炼,保证幼苗通过春化。

(2)分苗和分苗后的管理 撒播育苗时,如果密度太大,就要分苗,一般在幼苗长至 2 片真叶时进行。分苗前去杂去劣。分苗应选择晴天进行,分苗株行距为 8 厘米×8 厘米。分苗时注意随栽随盖薄膜。缓苗期白天床温保持 20℃～25℃。缓苗后,晴天保持 18℃左右,阴天保持 10℃～12℃。定植前

20 天开始炼苗,主要是采取逐渐加大通风量、降低床温的措施,使幼苗逐渐适应定植后的外界环境条件。定植前 1 周在苗床内浇大水。待水渗下后,用刀按株行距将苗床土割成深10～12 厘米土坨,以利于定植后缓苗。

温室育苗一般在幼苗长至 4～5 片叶时,将幼苗移至室外,采用白天揭膜、夜晚盖膜的方法管理,经过 6～7 天的的低温处理,保证幼苗通过春化。

(四)定 植

1. 定植时期 陕西关中地区定植适期为 2 月底至 3 月初;天津地区定植适期为 3 月 10～20 日;山东省大部分地区定植适期为 2 月底至 3 月上旬,胶东地区定植适期为 3 月 20 日左右。定植时幼苗以 6～8 片叶为好,少于 6 片叶的秧苗,缓苗慢,分枝数少,产量低;多于 8 片叶的秧苗,叶片生长旺盛,抽薹推迟,影响产量。

2. 定植方法 采用地膜覆盖栽培。具体做法是:2 月底前把大田浇透水,待墒情合适时施足基肥,整地做畦,畦做成高 10 厘米、宽 1 米的半高垄。定植前 7～10 天覆盖地膜,提高地温,定植时用手或铲按株行距戳破地膜开穴定植。

(五)田间管理

1. 灌水 种株全生长期不能缺水,前期缺水会影响生长发育,后期缺水则影响种子的饱满度。开春后,气温比较低,为使种株快速生长,应设法提高土壤温度。一般在种株开花之前不浇水,如果明显缺水,也要小水浇灌。开花初期浇 1 次透水,直到结荚期,可以不浇水。结荚到角果开始变黄以前,控制浇水,一般不旱不浇。角果开始变黄后,一般不再浇水。

2. 施肥 同大白菜露地越冬制种技术。

3. 打顶摘心 根据亲本情况,在种株抽薹期,可对种株主花茎进行一次摘心。方法是:当主花茎长至5~6厘米高时,把顶芽摘掉。这样可促进种株基部萌发新枝,增加种株的分枝数量及结荚数。

4.调节花期　同大白菜露地越冬制种技术。

5.培土架扶　在开花初期,可给植株根部培土,并利用竹竿搭架等措施,防止大白菜后期倒伏。

6.人工放蜂　同大白菜露地越冬制种技术。

(六)病虫害防治

同大白菜露地越冬制种技术。

(七)种子的采收、检验及保存

同大白菜露地越冬制种技术。

四、大白菜亲本、杂交种南繁采种技术

在南方,大白菜亲本繁殖及杂交种制种一般都是秋季播种,翌年5~6月收种,夏秋季供应生产;北方则在冬季育苗,春季解冻后定植大田,6月收种。一般第一年繁殖亲本种子,第二年生产杂交种子,杂交种子需要2~3年的时间才能在生产上应用。对于春、夏大白菜而言,当年生产的杂交种子赶不上当年播种,延迟了推广时间。

我国地域辽阔,南北方地理和气候差异大,通过合理利用南北方地理气候资源和采取适当的技术措施,可以做到南方秋冬繁殖亲本种子,翌年北方春季制种,从而缩短了制种进程,加速了种子的推广应用;也可以南方生产春大白菜杂交种子,翌春提供北方生产用种。具体的技术要点如下。

(一)南方秋冬繁殖亲本种子,北方翌年春季制种

采用常规的方法和时间播种,南方繁殖出来的亲本种子仍然赶不上北方制种的播种时间。王绍林等(1997)通过实践

解决了这一问题,其主要措施如下。

1. **人工春化处理**　在北方大白菜种子收获后,于 6~7 月立即把亲本种子放在冰箱里进行 1 个月的低温处理(3℃~4℃),以充分通过春化。

2. **高海拔育苗**　在 8 月中旬以前,将通过春化的种子播在云南海拔 2 700 米的地区,播前精细整地,播后用草木灰盖种。为防止雨水冲刷,采用小拱棚薄膜覆盖,幼苗 2 片真叶时揭膜,并浇清粪水 1 次。经 1 个月左右,即幼苗五叶期时,将苗假植在海拔 2 400 米的地区,假植期采用小拱棚薄膜覆盖防雨,控水控肥管理,并注意及时喷药防治虫害。有部分植株现蕾时(大约 10 月上中旬),将种苗移植到海拔 1 200 米的地区进行种子生产。移栽前,每公顷施农家肥 2.25 万千克,氮磷钾复合肥 300 千克,尿素 120 千克。苗成活后浇清粪水 1 次,则植株长势良好。移栽后要认真去杂,并及时喷药防治病虫害。为提高结实率,自始花期起每天进行人工授粉,并用 3‰食盐水于每天清晨喷雾。种子收获期在 12 月 22 日至 1 月 24 日,即从播种到收获种子仅用 128~157 天,比在海拔 2 400 米处于 9 月初播种,定点栽植,全生育期的 275 天缩短 118 天,完全能赶上北方制种需要。此外,采用这种栽植方式,与当地种植大白菜的时间错开 2~3 个月,毋需采取隔离措施就能确保种子纯度。

(二)南方生产杂交种子供应北方翌年春季销售

由于北方春大白菜种子销售一般在 1~3 月,采用上述方法在云南栽植春大白菜杂交种,12 月 22 日到翌年 1 月 24 日收获种子,正好能赶上北方种子销售时间,可以做到当年生产当年推广应用。

五、提高制种产量的措施

(一)覆盖地膜

地膜覆盖有明显的增温保墒效应。覆盖地膜后种子可增产 23.2%～29.5%,高的可增产 63.25%。

1. 整好定植畦、施足基肥 大白菜制种因春季风多风大,为防止被风刮断枝条,最好采用平畦栽植。一般在冬前耕地,于翌年 2 月下旬至惊蛰前做畦,畦宽 110 厘米左右,耕地时每 667 平方米施土杂肥 4 000～5 000 千克。整畦时在畦背两侧开沟施磷酸二铵 25 千克或磷肥 50 千克,钾肥 10～15 千克,尿素 20～25 千克,然后搂平。

2. 适时育苗移栽 为了充分发挥覆膜制种的增产效应,育苗时间可较正常时间(1 月上中旬)提前 10～20 天(到 12 月中旬),同时移栽时间也可由过去的 3 月中下旬提前到 3 月上旬。这样,延长了生育期,协调了营养生长和生殖生长的关系。

3. 掌握覆膜方法 移栽时,先在畦背两侧刨深、宽各 10 厘米的小坑(畦背两侧的坑距不能超过 50 厘米,以便于覆膜),将白菜苗带土放入坑内,覆土后随即浇水。宽、窄行栽植,宽行行距 65 厘米,窄行行距 45 厘米,株距 50 厘米,每 667 平方米栽 2 400 株左右。栽后覆膜(膜宽 90 厘米)。覆膜时先在畦中间开沟,然后把地膜放在畦背上滚放拉紧,压好两边。

4. 覆膜后的管理

(1)放苗 栽后 5～6 天,逐渐破膜通风。破膜要先隔株破,不要一次将苗全部放出来。放苗期间如遇寒流,可等到寒流过后再破膜放苗。但要注意放苗不可过晚,以免叶片发黄,长势弱。

（2）追肥　覆膜栽培最好在栽前一次性施足基肥，如需追肥，可在抽薹前追施适量速效肥。追肥一定不要过多过晚，避免营养生长过旺，贪青晚熟。

（3）浇水　覆膜栽培可在移栽时浇足水或缓苗期浇 1 次水，这样既可保证足墒生长，又不会降低地温。抽薹期要浇 1 次水，盛花至角果成熟期注意满足水分供应。

（4）放蜂　从初花期开始放蜂，保证每 667 平方米有 1 箱蜂传粉。5 月中旬蜜蜂撤走后要进行人工辅助授粉，以保证种子质量，提高产量。

（二）稀土的应用

一般采用根外喷施，宜全株喷洒均匀，在苗期、抽薹期、初花期分别喷施 0.01％～0.05％稀土，以 0.03％最佳，增产幅度最大。不同品种可能存在差异，可以先进行适宜浓度试验。

稀土对大白菜制种具有明显增产效果，最高增产幅度达 48.12％。主要表现在单株荚数和每荚种子粒数的增加，对千粒重无明显作用。

（三）多效唑的应用

采用根外喷施，大白菜幼苗期具 6～7 片真叶时为喷施适期，以 75～85 毫克/升为宜，不宜过大过小。否则，会起到相反的效果。喷施时间选晴天中午最好，便于叶片完全吸收药液，过早过晚容易因温度太低而使叶片受冻害。

一般喷药后植株有一个吸收、调整、适应的过程，喷后第十五天下垂的叶片已完全挺起，转为正常生长，叶色则变深、变浓，叶厚增加，幼苗高度有明显的降低。

喷施多效唑的籽粒外观饱满，秕粒少，千粒重增加 0.5～1.5 克。其中以 80 毫克/升效果最好，幼苗发育最快，增产幅度最大，增产 17％～18.2％。

（四）辅助授粉

在大白菜 F_1 代杂交制种过程中,有时会遇到蜜蜂等昆虫传粉不足的情况,特别是有些地方大白菜花期与其他花香更浓的植物如刺槐、泡桐等花期相遇,此时蜜蜂可能转移到刺槐等植物上,减少对大白菜授粉,明显影响大白菜制种的产量和质量。在这种情况下就需要人工辅助授粉。杨华崇等(1992)以鲁白 8 号为试材,用长 2 米的细竹竿,挂上长 1 米,宽 66 厘米的浴巾,将浴巾在父母本行间横向拂扫授粉。上午(10～12时)、下午(13～15 时)各授粉 1 次,即每天授粉 2 次,增产极显著,每天授粉 1 次的,增产达显著水平。

（五）麦饭石的应用

笔者以大白菜品种 97S41-6 为试材,叶面喷施不同浓度的麦饭石浸出液(将 60 目洛南麦饭石加水浸泡 24 小时后配成不同浓度的溶液,取其上清液喷施),清水为对照,每 667 平方米喷施麦饭石总量为 50 千克,分苗期和花期 2 次喷施。结果发现喷施麦饭石溶液对二级分枝具有促进作用,对种子的千粒重具有增加作用,对单株种子产量的影响极显著。其中以 40 克/升麦饭石溶液表现最强烈,与对照相比有极显著差异,折合每 667 平方米比对照增产 47.8%。

（六）摘　心

在大白菜单株的开花数中,其中主花茎上花数占 6%～9%,一级分枝和二级分枝占 80%。由于早春温度低,造成主枝基部的花多为无效花,结荚率也很低。因此提高一级分枝和二级分枝的结实数对提高种子产量有重要作用。通常采用的方法是当植株的主花茎长至 5 厘米高时摘心。

笔者 1999 年以 94S40-m 和 97S60-m 为试材的研究表明,摘心可明显地增加植株茎粗;摘心后,一级、二级分枝种子产量可占全株种子产量的 90% 以上;而且种子成熟集中,增加了同一单株种子的均匀性,从而提高了种子的质量。

第五章　小白菜制种技术

小白菜(Non-heading chinese cabbage),别名普通白菜、不结球白菜、青菜、油菜等。原产于我国,是我国长江流域和南方各地主要的叶菜类蔬菜。它具有适应性广,生长期短,栽培简易,类型、品种多样,品质鲜嫩,营养丰富,食用方法多样(可以鲜食、腌渍和晒干等)的特点。一年四季均可栽培,又具有上市的灵活性,在缓解淡季及蔬菜的周年供应中占有重要地位。现在小白菜不仅占长江中下游大、中城市蔬菜复种面积的30%～40%,为全年播种面积最大的蔬菜种类之一,而且北方也大量引种栽培。小白菜营养丰富,每 100 克鲜菜中含糖类2.3～3.2 克,蛋白质 1.4～2.5 克,维生素 C 30～40 毫克,纤维素 0.6～1.4 克,可炒食、做汤、腌渍。

第一节　开花结实习性

一、春化与花芽分化

小白菜性喜冷凉的气候。种子发芽适温为 20℃～25℃。植株生长适温为 18℃～20℃,在 -3℃～2℃ 的低温下能安全越冬,有的品种能耐 -10℃～-8℃ 的低温。一般小白菜处于种子萌动及绿体植物生长时期,在 15℃ 以下经 10～40 天即可通过春化。之后苗端开始花芽分化,叶片分化停止,进而开花结实。

不同类型的小白菜品种通过发育阶段达到抽薹开花对温度及光周期的要求有所不同。春性品种如广东矮脚白、江门白菜等，不经低温处理，在江南地区几乎全年都能抽薹开花；冬性弱的品种如南京矮脚黄、高桩、苏州青、上海矮箕白菜、杭州早油冬、瓢羹白、常州短白梗等，在 0℃～12℃ 温度下，经 10～20 天可以通过春化；冬性品种如南京白叶、杭州半早儿、上海二月慢、三月慢等，须在 0℃～9℃ 温度下经 20～30 天方可通过春化；冬性强的品种如南京四月白、上海四月慢、五月慢、杭州蚕白菜等，须在 0℃～5℃ 温度下经 40 天以上才能通过春化。春化要求严格的冬性较强的品种，对光周期要求严格；春性品种，对光周期要求不严格。

二、抽薹与分枝

小白菜的抽薹、分枝习性与大白菜相似。

三、授粉与结实

小白菜开花习性依品种和当地气候条件而异。开花适温为 15℃～25℃。开花时间从早上开始，9～10 时盛开，以后又渐少，午后开花更少。花后 3～5 天花瓣脱落。小白菜的有效花期为 15～25 天，始花后约 2 周进入盛花期。花瓣平展成"十"字形，此时花药裂开，散出花粉。雄蕊花粉从花药开裂至花瓣脱落期间，均有发芽力，以花药开裂当天散出的花粉最好。雌蕊柱头在开花前 2～3 天已有接受花粉能力。当有生活力的成熟花粉落到雌蕊柱头上后，如果花粉与柱头是亲和的，则花粉粒萌发形成花粉管，约经 30～60 分钟花粉管进入柱头、花柱。18～48 小时完成双受精过程形成合子，受精 7 天后胚珠开始膨大。

第二节　种子生产的程序和采种方法

一、种子生产的程序

小白菜种子分原原种、原种和生产用种。不同类型的品种,其含义不一样。常规定型品种的原原种是指育种者掌握和生产的、品种纯度及质量标准最高的种子,每年生产的量极少。原种是用原原种作为繁殖材料生产的种子,种子质量标准和品种纯度仅次于原原种,每年生产的量很少,仅供繁殖生产种用。生产种是用原种作为繁殖材料生产的种子,可直接用于商品生产。小白菜杂交种品种的原原种是指育种者直接控制的亲本种子,纯度和种子质量最高。原种是用原原种作为繁殖材料生产的亲本种子。生产种是指 F_1 种子。

无论哪类品种,种子生产程序都是:原原种→原种→生产种。在种子生产过程中,原种和生产种不应用同一级种子做繁殖材料,而应用上一级的种子做繁殖材料。鉴于一般原种(尤其是原原种)用量很少,特别是制种规模小的用量更少。而原种群体过小,可能导致小白菜繁殖时群体内基因型的单纯化和遗传基础贫乏,生活力下降,品种退化。因此,小白菜每一亲本的繁殖群体一般要求不少于 50 株,如果网室隔离,则应坚持以本系统内混合花粉授粉为好。保证一定数量,一次繁殖多年使用,既可减轻每年繁殖原种的负担,又可达到"时间隔离"防止杂交亲本混杂退化。

根据原种与生产用种生产的不同需要,制种基地设置共分 3 个层次:①一级原种基地。应当拥有较强的技术力量和良好的生产设施,隔离条件要求甚严,是所有原原种及部分原种的繁殖基地,是整个良繁体系的基础。②二级原种基地。要求具有优良的自然隔离条件和较高的生产管理水平,并具备一定的技术力量。其基本任务是将一级原种基地提供的某些必须扩繁的原原种繁殖为原种。是一级原种基地与良种基地之间衔接的重要"桥梁"。③生产用种基地。生产用种基地要求具备优良的隔离条件,良好的生态环境,同时考虑当地的经济水平与繁种的经济承受能力,一般选择省内外粮棉油林果生产区,此类基地生产相对稳定。

二、采种方法

主要采种方法有成株采种法、半成株采种法及小株采种法。

(一)成株采种

秋季适期播种,选生长健壮、具品种固有特性的优良植株做种株,并按 40 厘米×40 厘米株行距定植。大株耐寒能力较差,冬季需注意适当培土或覆盖防寒,翌春除去防寒覆盖物,进行中耕、除草、追肥、防虫等。江淮地区一般于 9 月播种育苗,翌年 5～6 月陆续收获种子。成株采收的种子,产量高,质量好,可用作秋冬季小白菜栽培、半成株采种田和小株采种田的播种材料。

(二)半成株采种

半成株采种的播种期,一般较成株采种的晚 20 天左右,江淮地区多于 10 月上中旬播种育苗,11 月下旬至 12 月上旬定植,翌年春季选留健壮植株做种株。半成株采种法的成本较低,种子产量较高,但因植株未完全长成,对种株不能进行严格选择,种子质量不及成株采种。应与成株采种相结合,即用成株采种所得种子作半成株采种的播种材料,半成株采得的种子可供小白菜生产种使用。

(三)小株采种

小株采种又称直播采种,利用小白菜种子可在种子萌动或幼苗期间即能通过春化的特性,在早春播种,当年采收种子。长江流域可延迟到2月上旬至3月上旬播种。小白菜通过春化后,在温度逐渐升高、日照逐渐加长的条件下,可抽薹、开花、结籽。此法采种成本低,且植株生长健壮,种子单产高。但植株未充分成长,选择不如成株严格,一般采得的种子专供小白菜生产用。

第三节 常规品种的种子生产技术

一、生产种种子生产技术

(一)隔离区选择

十字花科作物品种间自然杂交率较高,为避免由于杂交而造成的品种特性退化,小白菜采种田应与白菜类其他蔬菜严格隔离,也要与芸薹属中染色体基数 x=10 的其他栽培作物隔离。不同品种间有障碍物时,隔离区空间距离不得少于1 000米。无障碍物时,隔离区必须设置2 000米以上。应采用分品种分地区集团种植的方式。农户自己留种和小面积留种,可采用花期套袋和网罩隔离的办法,但要进行人工授粉,以提高受精率和结实率。

(二)土地要求

制种田要选冬季较温暖、收获期少雨的地区。小白菜对土壤适应性较广,以轻黏土和砂壤土为宜,在有机质丰富、排水良好、保水性好、pH 值为 6.5～7 的壤土生育旺盛,病虫害少,种子产量和质量高。在重黏土中,幼苗生长缓慢,根系发育弱,抽薹偏晚;含沙量高的土壤,保水保肥能力弱,苗期在水分不足的情况下,抽薹偏早,种子产量会受到影响。前茬以小麦、玉米、豆类及瓜类为宜,避免与其他小白菜品种、大白菜等十字花科植物连作。

(三)整地施肥

前茬收获后要及时深耕灭茬、整地,由于小白菜种子较小,顶土能力弱,故整平土地、细耙是保证播种质量的前提。待播土壤应松碎、细致、平整、无秸秆杂草等物,以利于播种深浅一致,出苗整齐,使得幼苗根系发育好,起苗不断根。结合整地施足基肥,每 667 平方米施 3 000～5 000 千克优质腐熟的农家肥,同时施入 20～25 千克磷肥做基肥。基肥全面撒施,耕翻做畦,要注意磷钾肥及硼肥的施用,采用穴内施肥然后再点播的做法时,要注意土、肥拌匀,以免烧苗断垄。

(四)播　种

延迟播种时,小白菜苗也可越冬进而抽薹开花,但苗弱、生育不良时耐寒性降低。播种过早,越冬期苗龄过大也易遭受冻害。适期播种、培育壮苗非常重要。壮苗的标准是:根系粗,叶片大,颜色灰白,有薹孕,定植缓苗后即可抽薹开花。

1. 播种时间

(1)成株采种　播种期应安排在比生产栽培适播期延后1～2 个月,南方地区小白菜成株采种一般安排在 9 月上旬播种,10 月上旬定植。在秧苗充分成长后,于 11 月间,选生长健壮、具品种固有特性的优良植株做种株,并以 50～67 厘米×33～50 厘米株行距栽于采种田中。

(2)小株采种　播种期较迟,南方一般在 10 月上中旬播种,11月下旬至12月上旬栽植,株行距为20厘米×20厘米,至翌春,一般按隔行隔株疏去不符合品种特征特性的1/2植株,留下生长健壮、种性强的植株做种株。利用小白菜种子可在种子萌动和幼苗期间通过春化的特性,长江流域也可延迟到2月上旬至3月上旬播种。对于冬性强的品种,根据冬性的程度不同,可在0℃～5℃低温下处理萌动种子20～40天,以控制植株大小,促进植株提前抽薹开花。北方留种一般安排在早春播种,东北地区可在播种前15～30天对种子进行低温冷冻处理,利用井水、雪水浸泡或冰箱冷冻等方法,打破小白菜种子休眠期,促使其发芽一致,待70%～80%种子萌动即可适时播种,一般2月下旬播种于温室,4月中旬定植;露地直播可在4月中旬至5月初,一般日平均温度稳定在5℃左右即可播种。陕西关中地区一般于1月上中旬在阳畦播种育苗。

2. 用种量　每667平方米育苗用种量为50～60克;点播为120克,条播为180～200克,撒播为500～750克。

3. 播种方式　直播或育苗移栽均可。直播、条播、点播均可,每穴播四五粒种子,早春后定苗,每穴留1～2株苗。育苗移栽时可灵活安排茬口,同时可在苗期进行去杂,但育苗移栽较费工。苗床面积主要根据大田种植面积、移栽密度和苗的质量而定,苗床面积与大田面积的比例一般以1∶10为佳。播种前10～15天,每平方米施腐熟堆肥1千克,25%磷酸二铵0.2千克,整成1～1.2米的平床,播后浅覆土,真叶2片时结合去杂间隔10厘米进行间苗。

4. 播种方法　为使下种均匀,播种时每667平方米苗床所用种子可掺过筛干沙8～10千克。苗床播前先摊平床土浇透底水,然后将种子撒播均匀,播后覆土0.5～1厘米,温度保持20℃～25℃,3天可出齐苗。直播深度随墒情而定,墒情好,播种深度为 1.5～2 厘米,墒情一般,播种深度为 2.5～3 厘米,最深不可超过 4 厘米。要求播种深度一致,落籽均匀,定畦定量,称种下田,覆土均匀,播时略带镇压。匀播的经验是"走马播",掌握"少抓、多跑、出口小、撒得开"的原则。遇到大风天气,要注意风向,切勿造成播种不匀。播种后,用六齿耙轻搂覆土或用竹扫帚轻扫畦面覆土。天气干旱要采取镇压保墒,并及时清理墒沟,防涝排渍。

(五)适时移栽

小白菜的移栽秧龄以 35～40 天为宜,于 11 月中下旬至 12 月 5 日结束移栽。移栽前秧苗生长过旺易造成冻害;过弱则难以形成壮苗,影响春发。移栽时要做到"匀、直、紧",匀:大、中、小苗分开移栽,全田株行距均匀一致;直:移栽时做到根正苗直;紧:做到边栽边用手压紧或用脚踩紧,使菜根与土壤紧密接合,从而达到保水、成活快、缩短缓苗期的目的。

(六)合理密植

合理密植能充分利用地力和光能,协调个体与群体生长发育的关系,是夺取小白菜种子高产的重要措施。一般株行距 35～40 厘米×25～30 厘米,每 667 平方米保苗 5 000～8 000 株。

(七)田间管理

1. 肥水管理

(1)苗期　出苗后及时查苗,对缺苗断垄的地段应做好标记,进行补苗或补播。为促进苗期生长,齐苗后尽早中耕、松土,幼苗长至 4～5 片叶时进行定苗,定苗时选留叶色(浓绿)、株型(根茎细长)一致的壮苗,去掉病弱株及与本品种特性不符的苗。若定苗后雨水过多,形成僵苗,则每 667 平方米追施磷肥 25 千克或磷酸二铵 7.5 千克,以促进活棵以及壮苗越冬。翌春后及时追肥,促进春发,增加分枝,提高单产。

(2)抽薹期 定苗浇水,及时中耕松土,进行蹲苗至植株开始抽薹现蕾。开花后,加强肥水管理。从始花至盛花期需浇水 2 次,始花期浇水促进茎增粗,盛花期浇水促进多发侧枝,提高种子产量。浇 2 次水后应及时进行叶面施肥,用 0.3% 磷酸二氢钾或磷酸二铵 1～2 次。

(3)结荚期 盛花期结束,植株进入结荚期,此时籽粒发育迅速,一方面植株需水量大,缺水影响种子灌浆,造成籽粒不饱满;另一方面若水分过多,植株贪青不能按时收获。故应根据土壤墒情及植株长势确定浇水量,适时适量满足植株所需水分。

2.中耕、松土、除草 浇水后,通过中耕松土,消除土壤板结,消灭田间草害,提高土壤的通气性和温度,促进根系发育和叶片生长,增强根系的吸水、吸肥能力和抗倒伏能力。

3.检查隔离条件、严格去杂 严格检查周围 2 000 米内是否有白菜类作物开花,发现后及时拔除。

严格去杂是确保品种纯度的一项重要措施,去杂是否彻底将直接影响到种子质量。去杂在苗期、抽薹现蕾期和收割时进行,苗期、抽薹现蕾期,根据品种特征(叶色、叶形、叶脉、花蕾颜色等)拔除杂株劣株、可疑株及抽薹过早、发生病虫害的植株,收割时,去掉角果畸形、植株贪青长势过大的植株,从而提高繁种质量。同时还应将杂草除尽。

4.整枝摘心 单株结荚数是单株种子产量构成中最主要的因素。种子产量在植株上的分布情况:一级分枝的荚数占总荚数的 64.23%,植株的中上层侧枝的种子产量占单株种子产量的 61.51%,主花茎的种子产量仅占 8.12%。生产上采取及时摘心措施,能促进侧枝发育,可在主花茎抽薹 10～15

厘米时摘心。授粉结束后摘除各侧枝顶端花枝,减少养分消耗,提高座荚率,促进角果膨大,减少无效花枝,促使种子早熟饱满。

5. **辅助授粉** 小白菜是常异花授粉作物,除了放蜂群辅助授粉外,如果在早春制种时蜜蜂很少,传粉不够,开花前期可用人工辅助授粉,以提高杂交率。人工辅助授粉应在晴天进行,操作时要注意防止折断花枝。方法有拉绳法、竹竿法、鸡毛帚或绒球授粉等,以拉绳法为好。拉绳法是沿父母本行平行的方向,2人拉一根2~3米长绳,绳上系50~60厘米宽的薄浴巾,垂直父母本行向行走,或来回拉动,依靠绳子上的浴巾,使父母本植株相互传粉;竹竿法与拉绳法相似;鸡毛帚或绒球法则是用鸡毛帚或在1米长的竹竿上绑上绒球,在父母本间来回扫动即可。于盛花期每天上午10时至下午1时进行,每隔1~3天辅助授粉1次。

(八)病虫害防治

主要病害为霜霉病,虫害为蚜虫、菜青虫等。现蕾后以蚜虫危害为主。要采取综合防治措施,以预防为主。前期以促进植株生长健壮、增加植株本身抗病能力为主,基本不喷药。花期用药对传粉昆虫有毒害作用,因此宜在授粉结束后,集中喷药防治。

每667平方米用25%多菌灵可湿性粉剂50克,对水40升喷雾。对发病率较高的田块,要进行轮作换茬,避免重茬,以减轻病害发生。

(九)种子的采收

1. **收割** 小白菜是无限花序,开花延续的时间较长,角果成熟很不一致,收获过早,籽粒尚未充实饱满,秕粒多;收获过晚,角果炸裂丢粒或角果内种子发芽。因此,生产上一般在全株 4/5 的角果呈黄色时收获，即"黄八成，收十成"。掌握"三割、三不割"的原则，即带露水割，阴天割，早晚割；露水干后中午不割，下雨不割，青棵不割。采收以人工收割为好，收割时不要带根沾泥。

2. 脱粒　收获后不宜立即晾晒脱粒，应在晒场上堆放后熟 3～4 天，这样不但有利于角果的营养进一步向种子转移，而且易于脱粒。脱粒时，场地要清扫干净，宜在篷布或水泥场上进行，不可在土场上脱粒，亦不可与其他品种同场脱粒。

3. 晾晒　种子脱粒、扬净后及时晾晒，需在篷布上进行，晾晒时应与其他品种保持较大的距离，同时注意防止雨淋和曝晒，隔 1～2 小时翻动种子 1 次。

（十）种子的检验

晾晒完毕，种子自然降温后，含水量不超过 7% 时可装袋存放。保持环境干燥和通风，袋内可放 1 片"粮虫净"药片，袋上附标签，注明品种。

采收的种子晾晒后用风选机结合人工进行精选，精选后的种子应达到色泽鲜艳光亮，经检验净度达 98%、纯度达95%、含水量不超过 7% 的质量标准，即可包装待售。做好发芽试验，可用于当年的秋小白菜生产。

二、提纯复壮

小白菜有自交不亲和特性，多代自交容易产生退化现象；菜农自己留种，种子的天然杂交率高，更易造成品种退化。

（一）提纯原理

根据现代遗传学原理，对混杂退化严重的品种，套袋自交1～2 代，可促使后代基因分离纯合。在此基础上选择优良的单株留种，直到株系整齐一致为止。将挑选的各个优良株系混合留种即为原原种。原原种亲本选择的原则是多中选优、优中选优，即根据主要经济性状及其基因型一致的原则进行选择，以保持品种典型性状一致，次要性状有差异。这样对品种适应自然环境很有好处。由于选择代表面广，选择株数较多，遗传基础丰富，后代生活力强。原原种经去杂去劣，混合栽植留种，即为原种。这样异花授粉，混合留种，使品种群体的基因组成在新的基础上建立起新的平衡，品种的典型性、一致性、适应性得到了充分的表达，原种的产量和品质都得到了提高。

(二)提纯方法

1. **选株要有代表性**　尽量选择纯度高、典型性状好的亲本株。每个品种一般选 300 株以上，再选择数十株进行套袋自交。

2. **严格掌握亲本典型性状**　植株高矮、叶片大小是数量性状，随营养条件而异，而叶形、叶色是质量性状，表现比较稳定，是掌握品种典型性状的可靠依据，二者要注意区分。例如，南通小白菜的绿叶镶边是该品种的典型性状，但育苗过密时，部分幼苗叶片就无绿叶镶边。地块肥沃时苗色深，地块贫瘠时苗色浅。叶柄性状一般在苗期就可鉴别，叶片性状看莲座叶。典型性状的充分表现一般在成株期。

3. **隔离自交**　亲本单株隔离自交有 3 种方法：一是花序套袋隔离、人工授粉自交法；二是整株纱罩隔离、放蜂授粉自交法；三是整株纱罩隔离、用芦竹花序人工授粉自交法。3 种方法比较，以用芦竹花序和罩外人工授粉法效果最好。芦竹与芦苇外形相似，同属禾本科植物。选用粗壮的芦竹花序作授粉工具最为理想(也可用芦苇花序扎把代替)，每个单株罩内固定一个芦竹花序。授粉时手在纱罩外握着罩内芦竹花序柄轻轻拂动已开放的花朵，则花粉呈雾状满罩散逸，上部后开的花粉,可重复授于下部已开过的花柱头上,这样先开的花就增加了授粉、受精结实的机会。据统计,每人每天可自交植株千株以上。用此法授粉,平均单株种子产量可达 12 克,而放蜂授粉只有 9 克,花序套袋授粉仅有 8 克。

4. 严格鉴定、去杂去劣、混合留种　单株自交后代在苗床、移栽田要进行多次严格去杂去劣,以确保纯度。株系鉴定表现典型性、一致性好的株系,去劣后可升级繁殖原原种。对有分离的、典型性状好的株系选留优良亲本单株,下一年继续自交;对分离大、表现差的株系进行淘汰。

第四节　一代杂种的制种技术

一、利用雄性不育两用系生产一代杂种种子

(一)原原种的繁殖

播种雄性不育两用系的种子后,从苗期到产品器官形成期,严格淘汰不抗病、经济性状不典型的植株,保留 60～100 株抗病性好、综合经济性状优良的留做种株。待种株开花后,以不育株为母本、可育株为父本进行 10～20 对植株的成对授粉,成对授粉结束后,将全部可育株及其余不育株拔除。各授粉不育株上的种子分别采收。注意授粉前后要有严格的隔离条件,防止授粉时花粉污染。将各不育株上分别采收的种子分别播种,初花期检查不育株率,将不育株率低于 50% 的株系淘汰,余者进入纱网内人工授粉,授粉结束后拔除可育株。将各不育株上的种子混合采种,即可作为雄性不育两用系的原原种。

（二）原种的繁殖

两用系原种采种田一般采用自然隔离法（隔离距离在2 000米以上）。在原种采种田上播种两用系原原种，待种株开花时，要逐株进行育性检查，在不育株主茎上做好标记，盛花期过后将可育株拔除。从不育株上收到的种子即为雄性不育两用系原种，可用其作为杂交制种的母本。也可一年繁殖较大量的两用系和父本种子，进行安全贮存，以后几年分别取出部分两用系和父本用小株法繁殖生产用种，这样可以较好地保持组合的遗传稳定性。

（三）杂种一代的杂交制种及父本系的繁殖

在大面积制种时，一般采用自然隔离法，防止非父本花粉进入制种田。在我国华南地区有的采用时间隔离法，即将小白菜杂交制种田双亲的播种期与其他易与小白菜自然杂交的作物的播种期错开，以达到错开花期的目的。在杂交制种田中，按不影响母本授粉结实的情况下尽量减少父本数量的原则，种植雄性不育两用系（母本）及父本自交系，父本行与母本行比例为1∶3～4，见图5-1。通过调整双亲的播种期、春化处理，以及摘除主花茎的花序整枝法，使双亲花期相遇。在制种田进入初花期后，连续9～15天，每天上午9时检查和彻底拔除母本行中的有粉株。待杂交制种田的种子成熟后，先收母本种株，其种子即为杂种一代；父本种株可晚收，其种子仍为父本系种子。为了更有效地防止制种田父母本种株上的种子发生机械混杂，也可以在盛花期过后，立即将父本行种株拔除。每年制种所需的父本系可在专门设置的父本系繁殖区生产。父本系繁殖可采用隔离区自然授粉的方法进行。但为了提高杂种种子质量，应采用大小株结合采种法，在秋季要对父本系主要经济性状进行严格选择；再利用小株扩繁种子，以降低父本系繁殖成本。

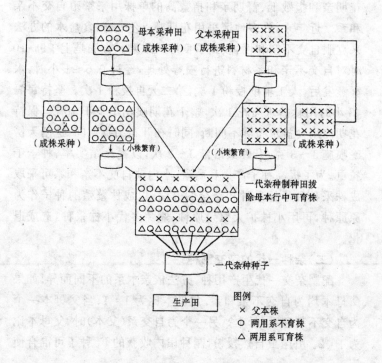

图 5-1 利用雄性不育两用系生产一代杂种程序
(曹寿椿,李式军,1980)

二、利用自交不亲和系生产一代杂种种子

(一)亲本的繁殖

自交不亲和系的繁殖主要是在严格隔离条件下,通过蕾期人工授粉实现。为了防止自交不亲和性的减弱,每隔 2～3

代要采用系内成对授粉法,检查 1 次花期系内亲和指数,选择花期亲和指数低、蕾期亲和指数高的单株用来繁殖自交不亲和系。近年来,许多地区采用花期喷 2%～3%食盐水的办法来克服自交不亲和性,收到了良好的效果。方法是上午 9～10 时对自交不亲和系材料进行喷雾处理,经过 0.5～1 小时,水雾蒸发后,人工辅助授粉 1 次,第二天再授粉 1 次。坚持每隔 48 小时用食盐水喷花 1 次,整个花期喷花不少于 10 次,保持花期内用食盐水喷雾不间断。同时在开花结荚期间,选晴天傍晚喷施 1～3 克/升硼酸溶液 1～2 次,以提高结实率、种子千粒重。为了提高种子产量和质量,小白菜自交不亲和系可采取成株采种和小株采种相结合的办法,以成株繁殖的种子作为原原种,再用小株扩大繁殖原种,避免多代小株采种,造成退化。

(二)杂种一代的杂交制种

配制杂交一代生产用种,方法依亲本系的不同而异。如果父母本均为自交不亲和系,父母本比为 1∶1;当父母本一个为自交不亲和系(母本),另一个为自交系(父本)时,父母本比为 1∶2。由昆虫自然授粉,制种田内收获的 F_1 种子可混合使用。

三、利用高代自交系生产一代杂种种子

高代自交系杂交育种,就是将主要性状表现一致、经济性状优良,又有一定差异的 2 个自交系杂交的育种方法。姚文岳等(1995)认为,白菜天然雄性不育性普遍存在,但均为核基因控制的两用系,尚有 50%的可育株要拔除;利用异源的胞质雄性不育性转育需要较长的时间,影响育种的进程,并且某些优良基因常会在转育过程中丢失;自交不亲和系亲本产籽率

较低,且隔离区内需要蕾期人工授粉或采用化学、物理等手段打破自交不亲和性才能促其结实,使育种成本提高。而高代自交系杂交育种方法可以克服上述育种方法中存在的缺点,加快育种进度。这种方法就是将 2 个高代自交系在制种隔离区混播或间行混栽。在花期让它们之间通过风力、昆虫等进行自由授粉,从这些植株上混收到的种子可作为生产上使用的一代杂交种子(杂交率达 85%～90%)。

第六章　菜薹制种技术

　　菜薹(Flowering chinese cabbage)为十字花科芸薹属1～2 年生草本植物,是小白菜亚种中以花薹为产品的一个变种。原产于我国,由白菜中易抽薹材料经长期选择和栽培驯化而成。根据植株颜色划分为 2 类。一类植株为绿色的,叫菜心、广东菜薹、广东菜、菜尖等,主要分布于广东、广西、海南、台湾、香港和澳门等地,是我国华南地区周年生产、四季供应市场的主要蔬菜。其类型和品种资源丰富,栽培历史悠久,被誉为"蔬品之冠"。另一类植株为紫红色的叫紫菜薹,又名红菜薹、红油菜薹等,主要分布在长江流域,以四川、湖北、湖南、广东等地栽培较多。菜薹品质柔嫩,风味别致,鲜艳美观,营养十分丰富,每 100 克鲜菜中含水分 90～95 克,糖类 0.72～1.08克,全氮化合物 0.21～0.33 克,维生素 C 34～39 毫克。菜薹食用方法多样,不仅可炒食、煮食,而且可烫后凉拌或做汤,还能作为多种配菜。近年来已成为出口创汇的主要蔬菜之一。随着菜薹出口量的增加,北方地区菜薹生产面积在不断扩大,受到消费者的欢迎。

第一节 开花结实习性

一、春化与花芽分化

菜薹对温度的适应范围宽。广东的菜心一年四季都可以抽薹开花,在海南岛月平均温度为 27℃～28℃的季节进行栽培,都可以顺利发育,抽薹开花。另一方面,菜薹在 3℃左右的低温下也可以发育,现蕾抽薹。这说明菜薹发育的温度适应范围是很宽的。

菜薹不同品种发育温度的要求,据关佩聪等试验(1964),早、中熟品种对温度的反应敏感,迟熟品种次之。

菜薹属长日照植物,但对光照长短要求不严格,只要通过低温春化便能顺利抽薹开花,但在整个生长发育过程中都需要较充足的阳光,光照不足会影响菜薹生长发育。

二、抽薹与分枝

菜薹早、中熟品种对温度反应敏感,发育快,而迟熟品种和紫菜薹品种对温度要求严格,在较高温度条件下花芽虽能分化,但花芽分化延迟,迟迟不能抽薹。

类型不同的菜薹种株。分枝习性不同,株型差异很大。一般而言,广东菜薹的种株,主花茎生长势很强,其一级、二级分枝数都较少。而紫菜薹品种,主花茎生长势较弱,主花茎腋芽发达,一级分枝发生多,一般有 8～20 根茎。菜薹花朵开放顺序为主花茎上的花先开放,一级、二级分枝上的花后开放。每一个花序上的花都是从下向上陆续开放,整个花序为无限生长型,陆续开花。花期 30 天左右。

三、授粉与结实

开花的顺序是花枝基部的花先开放,花枝的开花顺序是主花茎先开,依次按一级分枝、二级分枝、三级分枝……陆续开放,相同级别的花枝是上部的先开,下部的后开。开花的过程是,当天下午花蕾的顶端露出黄色的花冠,翌日 8～10 时花冠展平。单花开放 3 天左右花冠凋萎。

菜薹开花的适宜温度为 15℃～20℃;气温高于 30℃花粉发芽率降低,结实率下降;气温在 0℃～10℃,开花减少;0℃左右发生落花;雨水多、湿度大、温度低条件下,昆虫活动少,传粉授粉受到影响,结荚率、结籽率明显下降。

菜薹自初花到种子成熟一般需要 50～60 天,但因品种和温度而异,早熟品种花期短,晚熟品种花期长;气温高花期短,气温低花期长。菜薹种子的千粒重为 1.24 克。

第二节 常规品种的种子生产技术

一、根据采种季节确定播种时间

选择适宜的播种时间是制种成功的关键。可依据当年的气候特点和各地的实际情况选择具体时间播种。一般可分春季采种和秋季采种。

(一)春季采种

广东地区菜薹留种适播期为 9～11 月,翌年 1～3 月便可采收种子。但不同熟性品种的留种适播期不同,一般早中熟菜薹品种的适播期为 9～10 月。若要留种,早熟品种可提前至 8 月下旬播种,使播种期尽可能与生产季节相同,以便对品种的适应性和抗性进行观察,淘汰不良株,提高种性。但过早播种,往往由于前期气温较高,造成种子发育不够饱满,产量低。迟熟品种的留种适播期为 10 月下旬至 11 月,适当早播可争取在翌年早春低温阴雨来临之前收种完毕,若过迟(12 月中旬以后)播种,则花期正遇上翌年早春低温阴雨天气,易引起落蕾、落花、病害严重、种子不饱满、产量低、质量差等问题。在北方一般是早春播种,如山东地区最佳播期为 2 月下旬至 3 月上旬,陕西关中地区为 3 月中下旬,东北地区可于 3 月下旬至 4 月上旬播种。

(二)秋季采种

河西走廊一般于 7 月中旬播种,陕西关中地区于 8 月中下旬播种。

二、种植方式

可采用直播或育苗移栽。直播用种量大,每 667 平方米用种量为 150～200 克。育苗移栽用种量相对较少,每 667 平方米用种量为 100 克。为防止种子带菌,播种前将种子放入 5 000 倍的高锰酸钾溶液中浸泡消毒 5 分钟,捞出后用清水浸泡 5～6 小时,然后在 25℃～30℃温度下催芽,种子露白后播种,或者在播种前用代森锰锌或多菌灵拌种,用药量为种子量的 0.4%。

(一)直 播

是将种子直播到留种田,留种量大,但不容易淘汰杂株,一般仅用作留生产种。南方地区大面积留种一般采用经济作物田或前茬为早熟的晚稻田直播。宜选择排灌方便、疏松肥沃的田块,隔 2～3 米开 1 条沟,播前翻耕晒垡,种子可撒播、条播或穴播,接着灌"跑马水"1 次,湿透即排干。北方播种采用条播和点播2种方式。条播是按一定行距开约0.6~1厘米的浅沟,然后将种子均匀捻入沟内,再覆土平沟;穴播是根据株距确定穴位置,开长10~16厘米、深0.6~1厘米的浅穴,每穴均匀捻入种子2~3粒,播后覆土平穴。直播出苗后要及时间苗、定苗。幼苗长至2片真叶开始间苗,2次间苗后再定苗,淘汰小苗、劣苗。幼苗长至4~6片叶时及时定苗,选留生长健壮且具本品种特征的幼苗。

(二)育苗移栽

在育苗后再移植到留种田。此法容易把具本品种特征特性的植株移到留种田,去杂除劣彻底,收获的种子纯度高,适合做原种。为起苗移栽搬运方便,要选择地势平坦、土质疏松、排灌方便和有机质丰富的田块做阳畦。阳畦东西向,畦面宽1~1.2米,长10米左右,畦深30~40厘米,后墙高于前墙30厘米,后墙后面0.5米处用作物秸秆做风障。每畦施入腐熟的优质圈肥100~150千克,磷酸二铵1.5千克,深翻25~30厘米,深翻的同时将土和肥混匀。整细耙平,浇透水,水渗下后用细土填平水冲凹处,使畦面平整。将备好的种子(每667平方米用种100克)掺上适量细沙土拌匀,均匀地撒在畦中,然后覆0.3~0.5厘米厚的过筛细土。覆土要均匀,否则会影响出苗率。为了防止地下害虫危害,可用50%辛硫磷1克拌细土100克,撒在畦面上。最后设立拱架、盖膜。一般每667平方米制种田需用阳畦40~50平方米。苗期密度可按5厘米×5厘米来掌握。

1. 温度管理 育苗期间,苗床温度应尽量控制在10℃~30℃。为防止前期床温过低,应于播前10天开始烤畦,即畦面覆盖塑料薄膜,夜间加盖草帘或茅苫,保湿防寒,早上日出后揭开,接受阳光。播后4~5天开始出苗,前期管理主要是揭盖草苫,进入 2 月下旬至 3 月,在晴天上午 10 时至下午 3 时气温达 30℃时,应及时打开苗床两头的塑料薄膜通风降温。

2. 湿度管理　以保持床土"见干见湿"为宜,过量浇水容易加重猝倒病的发生。幼苗期浇水应用喷雾法,切忌大水漫灌。

3. 间苗　如果播种量大,出苗过密,不及时疏苗易造成细高的小老化苗或徒长苗,影响栽后的成活和产量。当菜薹幼苗真叶展开时,及时去掉过密的小苗、弱苗及病苗,留生长整齐的壮苗。随着幼苗的生长,可继续间苗 1 次。为了提高秧苗的利用率,间出的小苗可假植备用。

4. 炼苗　定植前 7 天左右,阳畦应由小到大逐渐放风炼苗,定植前 2～3 天全部揭去覆盖物。

三、采种技术

(一)隔离区选择

菜薹是异花授粉蔬菜,主要通过昆虫和风来传播花粉,容易与十字花科芸薹属的大白菜、小白菜、芜菁、芥菜、油菜等不同品种间发生天然杂交,从而造成品种混杂和劣变,失去原品种的典型性和一致性。因此,制种时必须保持严格的隔离环境,在有障碍物(山丘、树林、河流等)条件下应隔离 1 000 米以上,在开阔地带应隔离 2 000 米以上;也可错开花期进行时间隔离,以保证制种纯度。

(二)土地要求

制种田应选择地势平坦、土质疏松、排灌方便、有机质丰富的中性砂壤土。

(三)整地施肥

每 667 平方米施腐熟的农家肥 2 500～3 000 千克、磷酸二铵 25 千克、复合肥 20 千克做基肥。将地深翻整平,耙细做畦,一般畦宽 1~1.5 米。

(四)定　植

一般每畦定植 3 行,行距为 25~35 厘米,株距因品种而异。晚熟品种不宜密植;一般柳叶形的品种适于密植,株距为 15~20 厘米;紫菜薹类型株距为 35 厘米左右。

(五)田间管理

1. 松土除草　当幼苗长至 3~4 片真叶时,将其按株行距定植到制种田,定植缓苗后应及时中耕除草,提高地温,促苗早发。中耕以破表土为度,切忌伤根,近苗处浅锄,远苗处稍深,将畦面两侧的松土培于畦面,以便沟垄畅通,利于排灌。

2. 施肥　菜薹根系分布浅,吸收能力弱,生长量大,所以对肥水要求比较高。吸收氮、磷、钾养分的比例是 3.5：1：3.4,在幼苗期吸收量占全生育期吸收量的 25%,叶片生长期占 20%,菜薹形成期占 50%~55%。在施足基肥的情况下,还要进行 3 次追肥,以促进植株增叶、增荚及籽粒饱满。第一次追肥在间完头次苗后结合浇小水施入,每 667 平方米追施尿素 10 千克;第二次追肥在再次间苗定棵后结合浇水施入,每 667 平方米追施 15~20 千克尿素或 500 千克人粪尿;第三次追施在植株现蕾抽薹初期结合浇水施入,每 667 平方米追施尿素 30 千克,同时追施钾肥 10 千克或 1 000 千克人粪尿。

根据试验,在苗期、抽薹期、初花期叶面喷施 0.1%~0.15%硼酸溶液,可以提高种子产量 15%以上。喷施硼肥的一般规律是前期喷施量大于后期,叶面喷施硼肥结合喷施磷酸二氢钾溶液效果更佳。结荚期加强叶面追肥,喷施 0.2%~0.3%磷酸二氢钾溶液 1~2 次,有利于花芽分化和籽粒饱满。叶面追肥应在早晨进行。

3. 浇水 除了结合 3 次追肥浇水以外，还要根据当时的气候条件和土壤干湿程度进行浇水，一般是 7～10 天浇 1 次水，原则是见干见湿、勤浇少浇、保持土壤湿润。当种株普遍现蕾并大部分抽薹 10～15 厘米高时，应及时灌水，花期不能干旱，否则将严重影响种子产量。结荚后注意控水，防止倒伏，可浇小水，保持适当湿润，以利于种子成熟。结荚到角果开始变黄以前，一般不旱不浇水。角果开始变黄后，高温干旱可促进成熟，因此不能浇水。"浇花不浇籽"是灌水应掌握的原则。如果 5 月上旬应抽薹时而未抽薹，则应控制肥水，以保证抽薹开花。花后是保证籽粒饱满、充分成熟、提高千粒重的关键时期，注意控水管理。

4. 打顶摘心 当菜薹主花茎长至 2～3 厘米长时，应及时摘掉顶心，以促使其多分枝、多结荚，提高单株种子产量和单位面积产量。试验表明，主花茎摘心比自然生长增产25.2% 以上。菜薹盛花后摘顶，可使种子成熟期较一致，促进籽粒饱满，保证种子质量。

5. 除杂去劣 菜薹的除杂去劣，一般可分 3 次进行。一是在定植前要进行苗畦检查。二是在种株开花前要经常进行田间巡视检查，选留具有该品种特征、生长健壮、抽薹整齐、抗病性良好的植株，发现杂株、劣株、变异株及时拔除，确保种子纯度。三是在角果生理成熟期，根据角果的色泽进行淘汰。

6. 辅助授粉 菜薹为虫媒花，传粉的主要媒介是蜜蜂，当制种田的天然蜂源不足时，每 667 平方米用 0.5 箱蜜蜂即可达到理想的授粉效果。

7. 培土与架扶 培土与架扶应在开花初期种株未封垄时进行，有风的地区应在盛花期前进行，以防止因植株倒伏而造成的减产。

（六）病虫害防治

苗期病害较轻,偶发猝倒病,可选用 50% 甲霜灵可湿性粉剂 1 500～2 000 倍液,或 25% 多菌灵可湿性粉剂 600 倍液防治。主要病害为霜霉病,可选用 75% 百菌清可湿性粉剂 500 倍液,或 70% 甲基托布津 1 000 倍液,或 64% 杀毒矾可湿性粉剂 500 倍液喷雾防治。

虫害主要是蚜虫、小菜蛾和菜青虫。其中蚜虫危害最为严重,轻者减产,重者绝产。每 667 平方米可用 50% 抗蚜威可湿性粉剂 10～18 克对水 30～50 升喷雾。花期不可用其他可杀死蜜蜂等传粉媒介的药剂。进入末花期,应及时撤掉蜂箱,此时可选用 40% 氰戊菊酯 6 000 倍液,或 2.5% 功夫乳油 5 000 倍液等药剂喷雾防治菜青虫;用特效威霸(赛宝)杀虫剂 600～1 000 倍液防治小菜蛾,效果显著;也可选用 50% 抗蚜威 2 000 倍液,或 10% 吡虫啉可湿性粉剂 1 000 倍液防治蚜虫。

（七）种子的采收

角果大部分黄熟、下部角果籽粒呈褐色时即可收获。不可采收过早或过晚,采收过早,种子成熟度差、不饱满、秕粒多;采收过晚,角果开裂丢粒或角果内种子发芽。

采收应选择晴朗天气,于清晨植株上露水未干时收割。镰刀需锋利,在不损失种子的情况下,割茬尽可能高些,收割时植株不要带土。若镰刀不快易造成植株带根沾泥,将给种子清选工作带来很大困难。收割的植株运回晒场,晾晒 1～2 天即可脱粒。

晾晒种子要放在苫布或大块塑料布上,严禁在水泥地或金属板上晒种,以免烫坏种子。阴雨天要在通风干燥处摊开种子,切忌种子未干就装入口袋,以免造成霉烂,降低发芽率。

晒干的籽粒清选过筛后,用布袋盛装,放在低温干燥处保存备用。

第三节　一代杂种的制种技术

一、利用自交不亲和系生产一代杂种种子

(一)亲本的繁殖

菜薹自交不亲和系原种繁殖可采用成株采种法。采用蕾期人工授粉繁殖自交不亲和系。具体做法是将种株种植在温室或大棚里,一定要有网纱隔离。种株进入花期后,取当天或前1天开放的雄花,将花粉涂抹在同系人工剥开的花蕾柱头上。从花序上已开放的花朵中最下部一朵起,向上数第九个花蕾就是当日授粉的最佳花蕾。若选花蕾太大,则结实率下降。

也可采用喷盐水结合放蜜蜂的方法授粉,即在花期每天早上9~10时,将3%食盐水喷在花序上,尽量不要喷在叶片上,喷后将蜂箱打开放出蜜蜂。气温低蜜蜂不出箱时,可采用人工将花粉涂抹在雌蕊柱头上,授粉效果极佳。

(二)杂种一代的杂交制种

多采用露地越冬小株采种法(南方)和春季育苗小株采种法(北方),父母本比例为1∶1,将父母本植株隔行栽在隔离区内,让其开花自由授粉。采种田必须和大白菜、小白菜、芜菁、芥菜、菜薹其他品种等隔离2 000米以上。若双亲花期不遇,则会出现假杂种,应采取措施加以调整。具体方法与大白菜相似。

如果双亲中只有一个亲本是自交不亲和系,而另一个亲本是自交系时,定植比例为自交不亲和系2~3行,自交系1行。从自交不亲和系植株上采收的种子为一代杂种种子。

二、利用胞质雄性不育系生产
一代杂种种子

（一）亲本的繁殖

胞质雄性不育系的不育率应为100％。一般是将不育系与保持系按4∶1的行比种植于同一隔离区内，行距约15厘米，花期任其自由授粉，同时对不育系和保持系逐株检查，淘汰杂株劣株和不育系中出现的可育株、保持系中出现的不育株。待种子成熟后，将不育系与保持系分开采收，不育系植株上收的种子仍为不育系，保持系植株上收的种子仍为保持系。

父本自交系应种植于隔离条件良好的留种田中，除去杂株劣株，任其自然授粉，待种子成熟后混收。

（二）杂种一代的杂交制种

在制种田，父母本行数比按1∶4～5播种，任其自由授粉。最好在花期内放养蜜蜂，以提高制种产量。要仔细检查不育系，及早剔除可能是可育的植株。从不育系植株上采收的是一代杂种。为了防止种子收获时父本种子的机械混杂，待花期结束后，及时将父本行植株拔除，可确保杂种一代种子的纯度。这样从不育系植株上收的种子即为杂交种。

三、利用雄性不育两用系生产一代杂种种子

（一）亲本的繁殖

与大白菜两用系相同。在种株进入花期后必须认真做好不育株（母本）的标志工作，淘汰可育株，在不育株主薹上挂牌作标记。采种田不必进行人工授粉，任其自由授粉结实。种子成熟后，将挂牌种株（即不育株）上的种子单收，即为雄性不育两用系。

父本自交系应将其种植于隔离条件良好的留种田中,除去杂株劣株,任其自然授粉,待种子成熟后混收。

(二)杂种一代的杂交制种

一般采用小株留种法。在制种田,父母本按1∶4～5行数比播种,母本行株距是父本行的1/2。当母本开花时,应及时将可育株拔除干净,此项工作要连续多次,每次应在上午9时之前完成。拔除母本行中可育株的同时应将不育株主薹摘除,保留纯度高的雄性不育株让其接受父本的花粉受精结实。从母本上采收的种子为一代杂种。为了保证种子采收时不出差错,可在制种田不育株末花期后及时拔除父本株,一方面可防止机械混杂,保证种子纯度,另一方面可增加田间的通透性,提高母本制种产量。

第七章 结球甘蓝制种技术

结球甘蓝(Cabbage)即通常所说的甘蓝,俗称洋白菜、卷心菜、包菜、莲花白等,大约于16世纪传入我国,在国内栽培迄今约有300多年历史。目前已经成为我国的五大蔬菜之一,在我国南方和北方地区普遍栽培。根据不同熟性品种特性,各地都可排开播种,多茬栽培,可分期收获供应市场,在蔬菜周年供应中占有十分重要的地位。据农业部统计,1999年全国甘蓝栽培面积为蔬菜作物的第四位,具有明显栽培优势。结球甘蓝营养丰富,100克鲜菜含糖类2.7～3.4克,粗蛋白质1.1～1.6克,维生素C 38～41毫克,可炒食、凉拌、腌渍、制作干菜等。

第一节　开花结实习性

一、春化条件

结球甘蓝是典型的 2 年生作物,其生育周期可明显地分为营养生长和生殖生长 2 个时期。正常情况下,当年秋季播种,经过生长最后形成硕大紧实的叶球——产品器官,完成营养生长,翌春抽薹、开花、结实,完成生殖生长。有时虽然当年秋季不结叶球,但只要以一定大小的苗越冬,翌春仍然抽薹、开花、结实。从阶段发育而言,结球甘蓝属于严格绿体春化型作物,萌动的种子在低温下不能通过春化。它由营养生长转为生殖生长,通过春化必须同时满足下述 3 个条件:一定范围的低温条件;一定大小的绿体(苗体),即苗态;一定时间的低温感应。通过春化的低温范围一般为 0℃~10℃,4℃~5℃通过较快,0℃以下或 10℃~15.6℃通过春化缓慢,15.6℃以上则不能春化。

苗态和低温感应时间因不同品种而异,早熟品种只要茎粗达 0.6 厘米以上,且有 3 片以上真叶,经过 30 天左右的低温感应,就可通过春化,而大型晚熟品种则要求苗茎粗达 1~1.3 厘米以上,叶数达 6 片以上,低温感应期达 70 天以上,才能充分春化。中熟品种居于两者之间。一般来说,植株的营养体越大,通过春化所需低温的时间越短,越容易通过春化。

甘蓝品种间的冬性强弱差异很大,一般牛心形品种和扁圆形的部分品种冬性较强,大部分扁圆形品种次之,圆球形品种往往冬性偏弱。冬性强的品种通过春化需要的苗态大,而且要求的低温时间长;反之,冬性弱的品种通过春化需要的苗态小,而且要求的低温时间也短。但是原产于北欧、北美的圆球形品种,如果秋季播种过早,形成了紧实的叶球,翌年春季抽薹、开花往往推迟。

二、抽薹与分枝

通过春化的植株,其重要的形态变化是茎端生长点由分化叶芽的营养生长,转为分化花芽的生殖生长。翌年春暖天长时,首先由短缩茎顶端抽生主花茎,随后由主花茎茎生叶的叶腋中抽生一级分枝,健壮的植株还能继续由一级分枝的叶腋中抽生二级分枝、依次抽生三级、四级分枝。不同生态型的甘蓝品种,分枝习性差异很大。一般圆球形品种生长优势明显,主花茎长势强,抽薹初期往往只有一个主花茎,以后才慢慢发生一级分枝及二级分枝,而且分枝数少。牛心形和扁圆形品种主花茎长势较弱,一级、二级分枝发达,还可长出三级分枝。据岩间诚造(1976)报道,甘蓝已分化的花芽中,通常仅有1/3的花芽发育成花枝,形成花器,其余花芽则成潜伏芽而不再发育,所以甘蓝的花枝明显少于大白菜。据江口(1958)等研究,氮素能促进甘蓝腋花芽萌发,抽薹初期增施氮肥,能使一级、二级花枝数量显著增多。孙壮云(1990)等报道,秋播小株采种中适当推迟播期,也能增多一级、二级花枝数量。

一般而言,长光照和较强的光照有利于甘蓝抽薹开花,但不同类型的品种对光照的反应差异很大,尖头、平头形品种对光照要求不严格,种株通过冬季窖藏后,翌春均可抽薹开花;而圆头形品种种株通过冬季窖藏后,翌春定植后往往有一部分不能抽薹开花。

如果春化不充分,或者春化后遇到连续高温使春化部分解除,不但抽薹、开花推迟,而且花枝也减少,落花落蕾严重,甚至主花茎短小,腋芽不发育成花枝,反而形成一个个小的叶球。如已经抽薹开花的圆球形品种,如果遇到 30℃ 以上的高温条件,花茎顶端就会停止花蕾和花的分化,而长出绿叶。这种抽薹种株向营养生长逆转的现象,就是所谓的"不完全抽薹",这是甘蓝种子生产中经常出现的一个十分重要的问题,必须努力防止,以免种子产量大幅度降低。

赤霉素有促进开花的作用,据顾祯祥研究(1979,1983),用 100~200 毫克/升赤霉素处理未经过低温春化的黑叶小平头甘蓝,结果处理的 36 个植株全部显蕾开花,而相同处理的冬性强的鸡心甘蓝,有 22%~40% 的植株显蕾开花。赤霉素处理一般在结球初期效果最好,对老根上长出的幼苗或已经结球的植株效果较差。

三、授粉与结实

甘蓝种株各花枝顶端都是短缩的总状花序,花距较大,花蕾间的顶端优势明显,未开花时成塔形。在开花过程中逐渐伸长。每个花序大约有花蕾 30~40 个,多的可达 60~70 个,每天开花 3~4 朵,温度较高的晴天可开 5~6 朵,自花序基部依次向顶端开放。每朵花的花期 3~4 天,每个植株的花期 20~30 天,一个品种群体的花期可持续 40~50 天。春季开花时间的早晚因品种类型而异,在相同的条件下,牛心形和扁圆形品种的花期较圆球形品种早 7~15 天。

甘蓝的雌蕊先熟特性很突出,一般在开花前 6~7 天雌蕊就具有受精能力,而且有效期可延长到开花后 4~5 天。开花前 1~2 天的花粉已有受精能力,但开花后 1 天生活力已明显降低。自然条件下花粉的生活力可保持 3~4 天;如果贮存在干燥器内,室温下花粉的生活力可保持 7 天以上;在 0℃ 以下的低温干燥条件下,花粉的生活力可保持更长时间。

甘蓝属异花授粉作物,虫媒花,自花授粉极为稀少。甘蓝花粉发芽的最适温度为 $15℃～20℃$;低于 $10℃$,花粉萌发缓慢;高于 $30℃$,影响受精;$4℃$ 以下或 $40℃$ 以上不能萌芽。在异花授粉条件下,授粉后 $2～4$ 小时花粉粒萌发出花粉管,$6～8$ 小时花粉管进入雌蕊组织,$36～48$ 小时完成双受精,合子细胞开始分裂。在自花授粉中,授粉后 3 天仍有大量花粉尚未萌发,已萌发的花粉中,大部分花粉管在花柱组织内膨大成球状,停止了生长。在少数继续生长的花粉管中,有的尚未到达子房胚囊已经退化,有的虽进入胚囊,但精卵细胞不能结合,所以极少结实。但蕾期人工自交,结实基本正常。甘蓝受精后 $50～60$ 天种子发育成熟,正常的甘蓝种株单株可采种 50 克左右。成熟的种子黑褐色或灰褐色,圆球形,千粒重 $3.3～4.5$ 克。在北方,常温下生活力可保持 $4～5$ 年。在南方,常温下生活力可保持 $1～2$ 年。

第二节　常规品种的种子生产技术

甘蓝常规品种的种子生产方法有 4 种,即成株采种、小株采种、老根采种和扦插采种。

一、成株采种技术

当年培育结球种株,冬季收获时按品种标准性状严格选择优株,假植在阳畦内或贮存在菜窖里过冬,翌春定植在隔离区内,花期自然授粉采种。

成株采种能按品种的标准性状选择种株,种子种性质量高,但产量较低,多用于秋甘蓝的原种生产。

（一）播种期

若播种过早，会形成过于紧实的叶球，翌春定植后抽薹困难，花期推迟，种子产量下降；播种过迟，则收获时尚未结球，无法选择。陕西关中地区，早熟品种 8 月下旬、中晚熟品种 8 月中旬播种较为适宜。

（二）种株选择

要在苗期、叶球成熟期和抽薹开花期分次选择。

1. 苗期选择　定植前初选叶色、叶形、叶缘、叶柄等符合本品标准性状的秧苗，然后在初选的秧苗中选节间短、茎上叶片着生密集、心叶略向内曲、叶腋无芽的植株定植。

2. 叶球成熟期选择　收获前选叶球形状和大小、外叶数量和颜色、蜡粉多少、株幅大小等符合本品种特征特性的植株做种株。种株定植后结合切头，选侧芽未萌发、不裂球、不抽薹、中心柱短的植株作种株。

3. 抽薹开花期选择　定植后淘汰抽薹过早的植株，这对于也可作春甘蓝栽培的品种是很重要的。据报道，茎生叶宽大的植株是"营养型"植株，其后代结球性好；茎生叶窄小的植株是"生殖型"植株，其后代结球性差。因此，也可根据茎生叶宽窄选择采种株。

关于选择优良植株的数量，一般认为最终用于授粉采种的植株要在 50 株以上，因为种株过少会出现后代退化现象。

（三）种株过冬

保护结球种株安全过冬的方法，主要有阳畦假植和菜窖贮存。

1. 阳畦假植　秋冬收获时，将入选的种株带根挖出。连同外叶一起紧紧实实地假植在阳畦之中，灌透水 1 次，此后除定植前灌第二次水外，整个假植期内不再灌水。气温达到 0℃

时盖草帘保温,0℃以上可揭帘不盖,尽量见光,畦温保持在1℃～4℃之间可安全过冬。

2. 窖藏 和大白菜结球种株一样,采收后先晾晒几天,在小雪前后视天气情况入窖。平时要注意通风换气,使窖温保持在1℃～2℃,相对湿度保持60%～70%,即可安全过冬。

(四)种株的定植和田间管理

1. 选择隔离区 为确保种子纯度,采种田周围2 000米的范围内,不能栽植甘蓝种内的其他变种,如花椰菜、球茎甘蓝、抱子甘蓝、芥蓝、青花菜和其他甘蓝品种的开花植株。

2. 定植时期 甘蓝结球种株的定植,在不遭受冻害的条件下愈早愈好。陕西关中地区以2月中下旬定植为好。甘蓝种株生长旺盛,定植密度不可过密。露地定植一般行距为65厘米,株距依品种而定,早熟品种30～33厘米,中熟品种35～40厘米,晚熟品种45～50厘米。

3. 切头 定植后要及时切开叶球,使花薹容易从紧实的叶球中长出。常用的切头方法是在叶球顶部切一个"十"字,深达短缩茎生长点之上,约为叶球高度的1/3。也可以将叶球切成三面锥体或6厘米见方的长柱体。

4. 灌水施肥 种株定植后不要灌水,将根系四周的土壤踩实即可。大约7～8天后可灌1次水,以后尽量不灌水,可通过多次中耕达到保墒、提高地温、促进根系发育、控制枝条徒长的目的。4月中下旬种株进入始花期,每667平方米可追施氮磷复合肥20～25千克,施肥后灌水,以后每隔5～6天灌水1次,使地面经常保持湿润。盛花期再追肥1次,每667平方米施尿素10千克。整个花期内不可缺水少肥,否则花序中上部花蕾发育受阻,易干枯,子房小,产量低。在5月中下旬种株盛花期结束,进入终花期和绿荚期。此两期必须严格控制灌水次数,否则种株基部及叶腋会萌发出新侧枝,耗费大量养分,影响已坐角果种胚的发育。但是,也不能停止灌水,因为长时间干旱会导致种株早衰,影响种胚发育,质量、产量下降。大约在 6 月中旬,部分角果开始挂黄,此后完全停止灌水,可促进种子成熟。

(五)种子的采收

7 月上旬大部分角果变黄后,应及时收割,在晒场上晾晒至角果枯黄干燥后可脱粒。

二、小株采种技术

秋季适当推迟播期,在冬前形成尚未结球的较大植株,在严冬来临前 15 天左右,选优株定植在隔离区过冬,翌春采种。露地不能安全过冬的地区,也可将种株假植在阳畦中过冬,春天定植采种。

小株采种种子产量较高,但种性质量较差,只可做生产种使用,不能做繁殖用种。

三、老根采种技术

春甘蓝成熟很早,距冬初的入窖贮存期尚有半年多时间,收获后无法使结球种株度过炎热多雨的夏秋两季而在初冬入窖。若秋播采种,虽不存在上述问题,但无法针对其早熟性、抗寒性、耐抽薹性等进行选择,一代接一代的秋播采种必然导致种性退化。

为解决上述问题,春甘蓝可采用老根采种法生产原种种子。其要点是春甘蓝收获时,先按本品种的标准性状严格选择优良植株,切去叶球,然后将带莲座叶的种株集中移栽到另一田块,继续生长,到秋季,种株的腋芽又会重新结出较小的叶球,此时再选株窖藏过冬,春天定植采种。此采种方法能保持春甘蓝品种的优良种性,但种株在炎热多雨的夏秋两季继续生长,病害极为严重,死株率很高,现已很少采用。

四、扦插采种技术

春甘蓝收获时,先按品种的标准性状严格选择优良植株,然后将各个初选株的叶球切下并剖开,选花薹未抽生、腋芽未萌发、中心柱短的植株做种株。对最终挑选的种株,保留莲座叶,用硫黄粉或紫药水涂抹伤口,在原地继续生长 20 余天,便可萌发出 5~10 厘米长的腋芽若干。选其中健壮的腋芽剪下,按 25 厘米×25 厘米的株行距扦插在苗床内。插前苗床要灌足底水,取芽时带少量母株老皮可显著提高成活率。若天气炎热,扦插后及时搭凉棚遮荫,并每天洒水,保持床面湿润。大约经过 20 余天新根长出,可逐渐拆除荫棚,逐渐减少洒水。当幼苗长出 7~8 片叶时定植于大田,株行距为 33 厘米×33 厘米。冬前可形成较充实的叶球,收获后窖藏过冬,翌年定植在隔离区采种。

扦插采种不但能在春季栽培条件下严格优选植株,保持品种优良的种性,而且种株通过夏秋两季时,成活率比春老根采种显著提高。但是,扦插采种生产周期长(600 天左右),费工费时,成本很高,故多用于春甘蓝和夏甘蓝的原种生产。

为降低种子生产成本,春甘蓝和夏甘蓝的生产种可秋播采种,每年春季将扦插采种法生产的原种种子分成 2 份,一份秋播,用小株采种法生产生产种。另一份按菜用栽培的正常播期播种,先繁殖出结球母株,再用扦插采种法生产原种(图 7-1)。

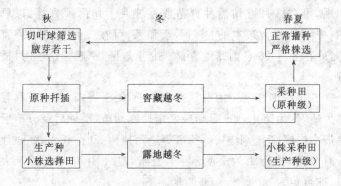

图 7-1　扦插采种生产种子程序

第三节　一代杂种的制种技术

一、亲本的繁殖

(一)自交不亲和系的原种生产

生产甘蓝自交不亲和系的原种,主要用蕾期人工授粉方法,也可用隔离区花期自然授粉方法生产。

1. 蕾期人工授粉生产自交不亲和系原种

(1)种株培育　蕾期人工授粉的种株必须是结球的成株,但结球过于紧实的种株,翌春抽薹困难,使开花期明显推迟,不利于授粉。有的甚至在收获时就已裂球,不能贮存过冬。所以叶球包而不紧是种株培育的基本目标,可采用如下措施。

一是适期晚播。甘蓝自交不亲和系生活力弱,抗逆性差,而播种时天气炎热,在适宜的播期范围内适当晚播,既缓和了生活力与环境条件间的矛盾,又缩短了生育期,利于种株培育目标的实现。陕西关中地区,以中晚熟品种为亲本的自交不亲和系,可在 7 月下旬播种育苗或在 8 月上旬露地直播;以早熟、中熟品种为亲本的自交不亲和系,可在 8 月上旬播种育苗,或在 8 月 20 日前露地直播。北京地区,一般于 7~8 月播种。

二是精细育苗。为节约亲本种子,便于管理,以育苗移栽较为适宜。为防止烈日曝晒或暴雨冲刷幼苗,播种后及分苗后要搭小拱棚,用遮阳网、芦苇帘等遮荫挡雨。幼苗长出 3~4 片叶时分苗,株行距为 7 厘米×7 厘米,7~8 片叶时定植于大田,株行距为 33 厘米×66 厘米。

三是严格选择。按照自交不亲和系的典型特征和标准性状,分别在苗期、莲座期和结球期严格去杂去劣,保持自交不亲和系优良种性。另外,每隔 1~2 年进行一次花期自交亲和指数检验,淘汰亲和指数不符合标准的植株。

四是种株越冬方式的选择。种株越冬有 2 种可供选择的方式,即阳畦假植越冬和菜窖贮藏越冬。尖头形、扁圆形的亲本可以带土假植于阳畦,也可窖藏越冬。圆头形亲本一定要带土假植于阳畦。据方智远(1990)等报道,越冬期间的光照时间,对圆头形甘蓝自交不亲和系有明显影响,较长时间的光照,对其越冬后的抽薹开花有显著的促进作用。因此,这类自交不亲和系 11 月中下旬收获时,带大土坨假植在阳畦内越冬,白天尽量见光,夜间在薄膜上加盖草帘防寒,使阳畦内温度不低于 0℃。除假植时灌透水外,越冬期内不灌水施肥,只通风排湿。非圆头形自交不亲和系,越冬期间有无光照对抽薹开花无影响作用,可贮藏在菜窖内越冬,以节约人力、物力,降低生产成本。

(2)种株的栽培管理 用蕾期人工授粉的方法生产甘蓝自交不亲和系原种,通常是把结球种株定植在日光温室、塑料大棚或阳畦中进行授粉,这样一方面容易隔离,另一方面可使花期提前。

日光温室内温度较高,为种株提早定植、提早抽薹开花、提早开始蕾期人工授粉提供了有利条件。能否达到提早抽薹开花的关键:一是定植时种株必须通过春化,否则因温室温度较高,不能继续春化,不能正常抽薹开花;二是定植后温度调控不可过高,否则因春化的部分解除而导致营养生长逆转,同时因地上部与地下部生长的严重失调,导致开花种株的大量死亡。陕西关中地区,以金早生、黑叶小平头、黄苗、西安大平头、黑平头为亲本的自交不亲和系,始花期较早,可于1月下旬定植在日光温室。以北京早熟、金亩84、狄特409为亲本的自交不亲和系,始花期较晚,可于2月下旬定植于日光温室。为便于授粉操作,通常采用宽窄行定植,宽行行距90～100厘米,窄行行距35～40厘米,株距33厘米。定植后少灌水、多中耕,以提高地温、促进根系发育。北京地区日光温室的温度调控指标,据朱其杰(1979)研究,2月平均温度为13℃,最低温为6℃,最高温为20℃;3月平均温度为15℃,最低温为7℃,最高温为22℃。随外界温度的不断提高,4月可逐渐用纱网替换薄膜,既可降低温度,又可防止昆虫传粉。温室内肥水管理、种株管理等,可按前述露地成株采种田的方法进行。

亲本为北京早熟、金亩84、狄特409的自交不亲和系,春化缓慢,即使将日光温室的定植期推迟到2月中下旬,也常因温度调控不当而不能正常抽薹开花。所以这类自交不亲和系最好定植在阳畦内生产种子。阳畦定植期既可在当年2月中下旬,也可在头年11月中下旬。实践证明,11月中下旬定植的种株,根系发育好,翌春生长旺盛,始花期、盛花期明显提早,植株增高,一级、二级花枝增多,为种子丰产奠定了基础。

(3)蕾期人工授粉 陕西关中地区在日光温室定植的以黄苗、黑叶小平头、金早生、西安大平头、黑平头为亲本的自交不亲和系,始花期一般在 3 月中旬。定植在阳畦中的以北京早熟、金亩 84、狄特 409 等为亲本的自交不亲和系,始花期大致在 3 月末至 4 月初。为了提高种子产量和质量,授粉过程中应注意以下几个问题。

一是选适龄花蕾授粉。自交不亲和系从开花前 1 天的大蕾到开花前 6～7 天的小蕾,都有受精结籽的能力。以开花前 2～4 天的花蕾授粉后结籽最多(表 7-1),是蕾期人工授粉的最佳蕾龄。

表 7-1 甘蓝自交不亲和系蕾龄与自交结籽的关系
(引自北京市农业科学院蔬菜研究所的资料)

蕾龄(开花前天数)	0	1	2	3	4	5	6
北京早熟 7201-16-5(种子数/花)	0.6	2.3	4.3	20.7	14.6	3.3	1.4
黑叶小平头 7222-1(种子数/花)	0.2	0.3	13.8	17.8	13.6	8.8	4.1
黑叶小平头 7223-6(种子数/花)	0	1.4	14.8	17.4	15.4	10.7	5.5
狄特 409 7203-8-5(种子数/花)	0.2	2.1	13	12.4	4.3	3	
平均(种子数/花)	0.25	1.5	9	17.1	12	6.5	3.7

由于甘蓝一个花序每天自下而上开 4～5 朵花,所以开花前 2～4 天的花蕾,大体是从花序最下一朵花向上数第五至第二十个花蕾。甘蓝花序内花数较多,一般 30～40 朵,多的可达60～70 朵。在自交不亲和系蕾期授粉时,通常只从每个花序中选 20～30 个适龄花蕾授粉,其余的一律摘除。

二是最好用当日开放的新鲜花粉授粉。花粉日龄不同,授粉后的结籽数也不相同。用开花前 1 日到开花后 1 日的花粉授粉,结籽最多;用开花后 2 日的花粉授粉,结籽数量显著降低;用开花前 2 日或开花后 4 日的花粉授粉,几乎不结种子。所以,蕾期授粉最好使用开花当日的新鲜花粉,花粉不足时,也可用开花前 1 日和后 1 日的花粉,其余花粉不要使用。

三是用混合花粉授粉。甘蓝是典型的异花授粉作物,若自交不亲和系长期自交繁殖,必然导致生活力的严重衰退。为减缓退化速度和程度,蕾期人工授粉时应采用本系统的混合花粉授粉,尽量避免单株自交。

四是在隔离条件下授粉。种株进入始花期之前,要将不同的自交不亲和系隔离开来,防止花期天然杂交。日光温室可用纱网逐渐替换玻璃或薄膜,阳畦上罩纱网,既能防止媒介昆虫传粉,又能防止室内、畦内温度过高。此外,在授粉过程中要注意防止人为的花粉污染,更换授粉株系时,要在距授粉场所稍远的地方,将工作服粘带的花粉拍打干净,并用 70%酒精擦洗手和授粉用具,杀死残留的花粉。授粉时先用镊子将开花前 2～4 天的花蕾剥开,露出柱头,然后用蜂棒、铅笔橡皮头等授粉工具,蘸取本系统混合花粉,轻轻地涂抹在柱头上。整个授粉过程要认真仔细,不要拉断花枝、扭伤花柄、碰伤柱头。

(4)种子的采收 甘蓝授粉后 50～60 天,种子完全成熟。完全成熟的种子,不但采种当年发芽率高,而且在干燥器内贮存 3～4 年,其发芽率仍保持在 80%～90%。授粉后 50 天以内收获的种子,发芽率不高,过翌年夏季,其发芽率降至 10%～30%,丧失了种用价值。因此,甘蓝必须在角果变黄、籽粒变褐即完全成熟之后才能收获种子。甘蓝花期长,同一品种的不同植株之间,特别是同一植株的不同花枝之间,种子成熟期差异很大,若整个田块 1 次收割完毕,必因种粒之间成熟度参差不齐而使整体发芽率降低,同时还因最先成熟的角果裂开落粒而使产量降低。若以花枝为单位分次收获,则不会出现上述问题。种株收获后要在晒场上充分晾晒,严防因堆放发热和雨淋引起角果霉变。晾至角果枯黄后脱粒,种子清选后充分晾晒,含水量不超过 7％时放入干燥容器中贮存。

2. 花期自然授粉生产自交不亲和系原种　此种方法和常规品种成株采种法完全相同,即在 2 月中下旬将结球种株露地定植,采种田的空间隔离距离必须在 2 000 米以上,开花后,任昆虫自由传粉。大面积采种时养蜂传粉效果更好,种子成熟后混合收获留种。

甘蓝自交不亲和系花期自交亲和指数很低,用花期自然授粉的方法生产种子,不但单花结籽数很少,而且会使花期自交亲和指数逐渐升高。花期喷洒食盐水可以解决这 2 个问题。张文邦(1984)以甘蓝自交不亲和系青种平头 2-4-1-2-1-3-8-5(下文简称青平 2-4)和黑叶小平头 7222-1-3-4-2(下文简称黑小 1-3)为材料,用 5％的食盐水喷花,30 分钟后人工授粉自交,结果使花期自交亲和指数提高 7～10 倍。

对于不同自交不亲和系,其适宜的食盐水浓度可能有一定的差异,需要通过试验确定。喷洒方法是上午 10 时前用 5％食盐水将种子田内所有花序均匀喷洒一遍,然后利用昆虫自由传粉或人工授粉。从始花期开始,每隔 3 天喷洒 1 次,整个花期内共喷 10 余次即可。

(二)温度敏感显性雄性不育系的原种生产

1. 纯合显性雄性不育系的保存与扩繁　由于纯合显性雄性不育系不育性稳定,在不同生态环境条件下不出现花粉,因此纯合显性雄性不育株不能自交繁殖,需要在实验室条件下用组织培养的方法保存、扩繁。一般在 4～5 月取纯合显性雄性不育株的花枝或侧芽在实验室进行组织培养扩大群体,9～10 月将生根的组培苗移植于大田,冬季在保护地越冬春化,翌年 4～5 月继续取纯合显性雄性不育株的花枝或侧芽在实验室进行组织培养……反复进行,见图 7-2。

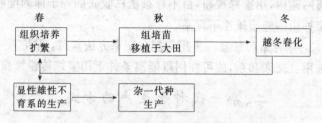

图 7-2 显性雄性不育系杂交种生产流程图

2. 优良显性雄性不育系的生产　用优良的纯合显性雄性不育系做母本,用筛选出的保持系做父本,两者按 3∶1 的行比定植于特别严格的隔离区内自由授粉,由纯合显性雄性不育系植株上收到的种子即是用于配制一代杂种的显性雄性不育系种子,见图 7-3。

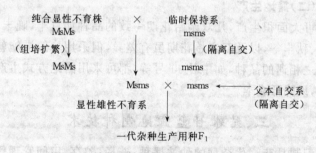

图 6-3 甘蓝显性雄性不育系配制杂交种示意图

3. 临时保持系和父本自交系的繁殖　采用常规自交系方法繁殖。临时保持系一般选用自交亲和系,故可在网罩隔离条件下用蜜蜂授粉繁殖;如果暂时仍然是优良自交不亲和系,则还需靠蕾期人工授粉繁殖。

（三）细胞质雄性不育系的原种生产

1. 胞质不育系的繁殖　只需将不育系与保持系种植在隔离网棚内，用蜜蜂授粉，由不育系植株收获的种子即为配制杂交种用的胞质雄性不育系。

2. 保持系的繁殖　采用常规自交系方法繁殖。保持系一般选用自交亲和系，故可在网罩隔离条件下用蜜蜂传粉繁殖。

二、杂一代种子生产的方式

甘蓝杂一代种子有保护地生产和露地生产2种方式。

（一）保护地生产

指在阳畦及改良阳畦等保护地内生产杂一代种子。投资大，成本高，不能大面积制种，一般只用于双亲始花期差异过大，其他措施不能使之相遇的杂一代种子生产，如报春、双金、庆丰等品种。

（二）露地生产

可大面积生产，凡双亲始花期一致的品种如京丰、晚丰、园春、秋丰等，以及双亲始花期虽有差异，但采用一般措施就能使之相遇的品种，如中甘11号等，都可采用露地方式生产种子，以降低成本。

三、结球甘蓝露地制种技术

配制甘蓝一代杂种的种株播种、选择、贮存、田间管理等几个环节都与繁殖亲本原种的方法基本相同，但对杂交制种田要注意以下几方面的技术问题。

（一）育苗与苗期管理

1. 播种期确定　甘蓝杂种一代种子生产多采用半成株采种，以降低成本。为避免苗期病害，根据杂种亲本生长期的长短,可适当晚播。但是播种也不能过晚,否则苗态太小,影响去杂去劣和通过春化。甘蓝属绿体春化型植物,即通过春化阶段需要一定大小的苗态和较长时间的低温,冬前苗态茎直径长至 0.6～1.6 厘米,才能通过春化,并保证翌年春季正常抽薹开花。北京地区,中晚熟品种于 7 月下旬至 8 月上旬播种,早熟、早中熟品种于 8 月上中旬播种;河南、山东、陕西地区,中晚熟品种于 8 月中下旬播种,早熟、早中熟品种于 8 月下旬至 9 月上旬播种。

2. 苗床准备 甘蓝育苗期处于高温多雨季节,需选择地势高、通风凉爽、排灌方便的田块,同时前茬不可是甘蓝采种田。育苗畦标准为 1.5 米×7～10 米,畦间挖宽 30 厘米、深 10 厘米左右的沟,以利于大雨后排水。畦上搭遮阳网遮荫,有条件的可搭上纱罩防止菜粉蝶、小菜蛾等飞入危害。为避免曝晒和大雨冲刷,可准备塑料薄膜进行遮盖。盖薄膜切忌盖严,四周须离地 30 厘米以上,且形成一定坡度,以利于排水、通风。选择过筛后的田园土做覆土。

3. 播种 播种前畦内浇足底水,等水下渗后用细碎土将畦内裂缝填平,然后按 5～6 厘米见方划格,2 人一组在每格内点 2 粒种子。这样,1.2 米宽、3 米长的育苗畦可育苗 1 000 株以上。播后及时覆土,厚度为 0.5～1 厘米,可选择直径 0.8 厘米左右的竹竿贴住畦面平放在畦内,作为覆土厚度的参照标准,覆土后用木板刮平畦面即可。覆土结束后,炒少量麦麸拌上农药,加水做成毒饵,撒在畦周和畦面,以诱杀蝼蛄和蛴螬。畦内撒毒饵不要成堆,以防该处种苗出土后受药害而死亡。播种结束后,在育苗床上架设遮阳网。

4. 苗期管理 播种后 3～4 天开始出苗,出苗率达到 30%～40% 后,开始揭遮阳网。早晚把遮阳网卷起,让幼苗见光,中午前后阳光太强时要盖遮阳网遮荫。如果播后4～5天发现出苗少,表土发白变干,可给畦面洒水,使表土湿润以利于出苗,但必须保证到齐苗前不能使表土板结。7～10天苗基本出齐,子叶转绿,就可去掉遮阳网。苗期浇水不宜过大,第一次浇水后,需用粗铁丝做的小钩把行间锄一下,以松土保墒,填补裂缝。苗期虫害主要是蚜虫、菜青虫、小菜蛾和跳甲等,选用药剂主要为功夫和敌杀死等。幼苗抗药性弱,喷药浓度不能过高。一般苗期需喷药2～3次,最后一次喷施在定植前1～2天。

(二)田间管理

1. **隔离区选择** 定植种株幼苗的田块忌与十字花科作物连作,前茬以种黄瓜、西瓜或番茄等作物的地块为好。空间隔离应保证距离其他甘蓝品种及花椰菜、甘蓝型油菜等作物2 000米以上。

2. **整地施肥** 定植地每667平方米施农家肥5 000千克、磷肥50千克做基肥。

3. **定植时间** 中晚熟品种为8月下旬至9月上旬,早熟品种为9月中下旬,小苗长到5～6片真叶时是最适宜的定植时期。

4. **父、母本定植比例** 父、母本双亲都为自交不亲和系的,父母本比例为1∶1;双亲有一个为自交系,另一个为自交不亲和系的,父母本比例为1∶2或1∶3;以显性雄性不育系为母本,甘蓝自交系为父本的,父母本比例为1∶3。一般按比例采用间行定植,中晚熟亲本株行距为40厘米×60厘米,早熟种亲本株行距为30厘米×50厘米。

5. **防病控苗** 种株的栽培管理不能像秋甘蓝那样大水大肥促高产,而要适当控苗,到越冬前能使种株形成松软的叶球即可。但是，要注意预防病毒病、黑腐病和霜霉病等病害的发生，还要注意及时喷药防治菜青虫、蚜虫、菜螟和跳甲，保证苗健壮。

6. 去杂去劣　是种株越冬前的首要工作，凡不符合该亲本特征特性的植株都应拔除。去劣一定要在下霜前进行，否则霜后种株的叶形叶色都失去正常状态，影响选种。

7. 培土冬灌　是安全越冬的主要措施。种株培土以小雪前后为宜，过早培土会引起种株发热腐烂，造成损失。一般培土分2次进行。小雪时进行第一次培土，先培一部分土，等天气变冷再培第二次土，最终以埋住种株叶球的2/3为宜。为了安全越冬，必须浇足越冬水，时间为土壤即将冻结、第二次培土结束以后。

8. 春季管理　翌春3月，天气开始变暖，越冬种株开始返青。这一阶段植株生长十分缓慢，管理以提高地温为主，促进根部生长。具体应做好以下几点：①清棵。将越冬期间种株四周的培土除去，并清理干净种株周围的枯叶。②及时中耕。清棵后，如果土壤明显缺水，可在晴天下午浇一次返青水，水宜小不宜大。返青水浇过以后要进行中耕，以起到松土、增温、保墒的作用。③割球。春分时进行，将结球紧实的甘蓝种株呈"十"字形切开，球中间要浅割，切勿伤及主茎生长点。

9. 花期管理　花薹抽出后，植株生长加快，需要及时追肥，以促进枝叶生长，每667平方米可追施钾肥10千克，氮肥15千克。在新叶生长的同时要清理球叶，防止短缩茎腐烂而造成植株死亡。该时期要注意防止虫害的发生，特别是防治蚜虫。在抽薹末期至始花期前，无论是否发现蚜虫、菜青虫等都要喷药1次。开花初期应进行第二次追肥，每667平方米用硝酸铵30千克左右。花期浇水次数增多，要防止植株倒伏造成减产,可在花薹伸长到 50 厘米左右时搭设支架,这是甘蓝制种夺得高产的主要措施之一。花期每 667~1 334 平方米制种田放 1 箱蜂,可提高杂交率和种子产量。花期喷洒 0.3%~0.5%磷酸二氢钾溶液 2~3 次,可促进籽粒饱满,提高千粒重。花期严禁喷洒杀虫剂,以免误杀蜜蜂。如有蚜虫等危害,可喷施尿洗合剂(洗衣粉 50 克、尿素 150~200 克,加水 18~20 升)防治。

(三)提高种子纯度的措施

1. 配制适合的父母本比例　要使所配杂种纯度好、种子产量高,必须根据亲本的生物学特性选择适当的父母本配制比例,保证母本花期有充足的父本花粉源,如秦菜 3 号甘蓝种子其父母本比例为 1∶3。

2. 调节花期　不同亲本材料,因其品种特性不同,始花期迟早、花期长短亦不同。要使所配制的杂种产量高、纯度好,应特别注意调节父母本花期,使双亲花期始终重合,并使其盛花期处于最适宜于授粉受精、坐荚结实的气候条件下,一般气温为 25℃~30℃比较适宜。陕西关中地区 4 月中下旬气温稳定,是甘蓝授粉受精和坐荚结实的最佳时期。如果有较短时期的花期不遇,应及时摘去开花较早或较长的花蕾,以减少假杂种的概率。

调节花期不遇的主要措施:①双亲错期播种、错期定植。开花晚的亲本提前 1 周播种,可调节花期三四天。②开花晚的亲本搭小拱棚或地膜覆盖,可促其提早开花。③摘心。双亲始花期相差 5~7 天,对始花期早的亲本,当其花茎抽出一级分枝时,距离主花茎顶端 10 厘米摘心,可使始花期延迟。将开花早的亲本主花茎顶端或一部分一级分枝顶端花序摘除,使养分转移,可推迟花期。另外,根据当地地形,也可将开花晚的亲本靠墙角、屏障等偏暖处定植,以提高其生长速度而提早开花。④花期迭加。双亲花期长短差异大的,对花期短的一方分两期播种,使早播的花期终止前与迟播的花期刚开始相重叠或相衔接,以达到使花期延长的目的。⑤适时去杂去劣,清洁隔离区。去杂去劣宜在苗期、莲座期、抽薹现蕾期进行,及时除掉异常形态植株,避免其混杂整个群体。清除隔离区应在亲本始花期前,去除 2 000 米区域内的其他结球甘蓝、花椰菜、茎蓝、抱子甘蓝等甘蓝类品种的留种植株,保证所繁甘蓝种子的品种纯度。

(四)种子的采收

1. 适时采收　一般情况下,甘蓝开花授粉后 60 天种子可成熟。试验表明,种子成熟度愈高,色泽愈深愈亮,千粒重愈大,耐贮性愈好。早中熟品种种子于 6 月 25 日前后成熟采收,晚熟品种种子于 6 月 30 日前后成熟采收。种子成熟后应及时采收,避免种子因连阴雨受潮发芽或霉变。

2. 后熟和脱粒　种子成熟采收后,其枝条、角果、种子的含水量仍较高,后熟堆放时,应保持一定的透气性,避免堆实发热而使种子发芽。后熟 2~3 天后,将角果晾晒至外干内潮时脱粒。甘蓝种皮薄、胚质脆,脱粒时尽量避免机械损伤。

3. 种子的晾晒　不能直接在土场上晾籽和打籽,以免使种子净度下降,外观不美,显得陈旧。另外,还要防止中午太阳曝晒种子和在塑料布或水泥地上晾晒种子而影响种子发芽率。当籽粒水分含量下降到 7% 以下时,收起贮存。将脱粒好的正反交种子分开晾晒。晒干的种子,除去杂质、秕粒、小粒,选留籽粒饱满种子,分开正反交种子包装,并标明品种名称、采种年度、生产者。

四、利用显性雄性不育系制种

用显性雄性不育系生产甘蓝一代杂种,在制种田的选择和一般田间管理方面都基本与用自交不亲和系相同。所不同的是:①为降低亲本繁殖成本,保持系及杂交种的父本应尽量选择自交亲和系。②制种时母本(不育系)与父本自交系种株可按3:1行比种植。如果父本生长势不强,花粉量不充足,可缩小父本行植株株距,以保证父本的花粉量。③制种田隔离条件应比其他甘蓝类制种田更为严格。④制种田对授粉蜜蜂数量要求更高,每667平方米制种田一般要求2箱蜜蜂。⑤为保证杂交种的纯度,在父本花期结束以后,应及时将父本种株拔除干净。⑥当光照不足时,不育系易产生死花蕾,因此制种田应选择阳光充足的地块。

实践证明,在利用雄性不育系制种时,由于多数保持系和杂交种的父本自交系都可以用蜜蜂授粉繁殖,与自交不亲和系相比,其亲本原种的生产成本降低了,而且用雄性不育系配制的甘蓝杂交种的杂交率可达到或接近100%,比用自交不亲和系配制的杂交种的杂交率一般可提高5%~8%。制种产量一般与用自交不亲和系相当或更高。

五、中甘 11 号露地制种技术要点

中甘11号是中国农业科学院蔬菜研究所用自交不亲和系北京早熟01-88和金早生02-12做亲本配制成的,是我国北方地区早熟春甘蓝的主栽品种。亲本北京早熟01-88生育期为55天,叶球为圆球形,抽薹后株高140~145厘米,约4月中下旬开始开花,花期45天左右。金早生02-12生育期为50天,叶球牛心形,株高120~125厘米,始花期在4月上中

旬,花期 30 天左右。双亲始花期差异不大,故中甘 11 号采用露地方式生产种子。

1. 种株培育 8 月上旬先将始花期早的亲本金早生 02-12 播种育苗,12～17 天后将始花期晚的亲本北京早熟 01-88 播种育苗。实践证明,分期播种既能使双亲花期相遇,又能增加北京早熟 01-88 的分枝数。北京早熟 01-88 与金早生 02-12 的育苗面积比为 1∶2,2～3 片叶时分苗,7～8 片叶时定植,生长期间按双亲的标准性状,随时淘汰杂株劣株。

2. 种株过冬 甘蓝耐寒性强最低能忍受 −15℃的低温,但进入结球阶段的叶组织,如果遇到 0℃以下的长时间持续低温,就受冻死亡。因此,11 月中旬须及时收获种株,将北京早熟 01-88 假植在阳畦过冬,以延长光照时间,促进翌春早抽薹早开花;金早生 02-12 可窖藏过冬。

3. 种株定植后的管理 翌年 3 月上中旬将北京早熟 01-88 与金早生 02-12 按 1∶2 行比定植在露地采种隔离区中。开花前设支架以防种株倒伏,6 月中旬金早生 02-12 的花期基本结束,另一亲本北京早熟 01-88 仍在大量开花。此时要将全田中正在开花的和尚未开放的花朵、花蕾全部剪除,以提高种子纯度。7 月上中旬种株成熟后收获。

六、中甘 11 号深栽培土
覆草露地越冬制种技术

中甘 11 号是我国北方主栽的早熟春甘蓝一代杂种,通常采用阳畦窖藏母株越冬、早春定植露地制种的方法,费工费时,并且种子产量低。据报道,亲本金早生 02-12 采用深栽培土覆草露地越冬、北京早熟 01-88 采用冬季早春覆膜露地越冬方法繁种,可使亲本种株安全越冬,花期相遇,花期延长,种子产量提高。比同等肥水条件下采用阳畦或窖藏母株越冬法节省用工,种子增产 2.15 倍。该技术可在我国中原地区推广应用,其技术要点如下。

(一)适时播种

可满足 2 个亲本对春化和光照条件的需求。由于金早生 02-12 和北京早熟 01-88 的生育特点有明显差异,对 2 个亲本冬前植株大小的要求也不相同,因此应注意适期播种。总的来说,金早生 02-12 要求冬前的植株比北京早熟 01-88 要大一些,这样有利于通过春化。两亲本的适播期为:金早生 02-12 为 8 月 20～25 日;北京早熟 01-88 为 9 月 1～5 日。在苗龄 30～35 天时定植,双亲翌年均表现返青早、抽薹开花较早。若越冬前植株过小,则不利于安全越冬,翌年也容易出现不抽薹或抽薹很晚的植株。越冬前植株包球过紧,则翌年外叶绿叶少,返青晚,抽薹开花晚,分枝少而小,茎生叶小,长势弱。

(二)培育壮苗

亲本在适时播种的基础上,苗龄 30～35 天时定植,一般年份在国庆节前后定植完毕,每 667 平方米栽 4 500 株左右。冬前苗期管理要先促后控,浇 2 次定植缓苗水。由于采取深栽,幼苗定植在沟底上,而沟底熟土少、生土多,不利于培育壮苗,故必须施足基肥。一般每 667 平方米施优质圈肥 4 000 千克以上,硫酸铵 20 千克,磷酸二铵 10 千克,施于沟内搂平,浇水后再栽苗。浇水不要过多,严禁大水漫灌,以防发生病害。同时,每 667 平方米施毒饵 2～2.5 千克,以防地下害虫危害。定植后要及时中耕保墒,促使缓苗早发。当 2 个亲本长到茎直径达 0.8～1 厘米时,要控制肥水,适时浅耕,以培育壮苗。要求苗子壮而不旺,到越冬时形成一个松散的小叶球,增强抗冻性,以利于露地越冬。

(三)对不同亲本采取不同措施

对金早生 02-12 亲本,保证其露地安全越冬的关键措施是深栽培土覆草。为做好深栽培土工作,应注意以下几点:一是适当加大行距,行距以 60～65 厘米为宜。二是深开沟,沟底要求距地平面 10 厘米以上。三是浇水后栽植,浇一沟栽一沟。四是高脚苗要斜栽。深栽是保证培好土的前提,而适时培土,以及深冬在沟内和在植株上部覆草是甘蓝露地安全越冬的关键。培土分 2 次进行,第一次在 11 月 10～15 日结合深中耕进行,把畦背上的土拢到甘蓝植株茎与球的接合部。第二次在土壤封冻前进行。培土过早,影响植株冬前正常生长;过晚,则因土壤冻结,培土难以进行。一般在 12 月 10 日左右进行第二次培土,培土到莲座叶的 1/5～1/4 处,使茎与球的结合部培土厚度达到 15～20 厘米。培土要匀、实。培土过厚,种株外露太少,在多雨雪年份,因透气性不好,易使种株缺氧而窒息;培土过浅,以及在深冬沟内不覆草,植株往往易受冻害,即使幸免于死,越冬后也表现迟迟不发根,返青晚,营养体小,分枝少,抽薹开花晚,产量很低。

对于北京早熟 01-88 亲本冬季采用薄膜覆盖,既能保证种株露地安全越冬,又能促进其提前开花并与金早生 02-12 种株花期相遇。当 2 个亲本都采用深栽培土覆草露地越冬制种方法时,均能开花结实,金早生 02-12 亲本比北京早熟 01-88 亲本提前 6～7 天开花,且花期比北京早熟 01-88 短 15 天左右,以致 2 个亲本花期相遇的时间较短,从而影响中甘 11 号杂交甘蓝制种产量。在 12 月下旬,对北京早熟 01-88 亲本甘蓝苗采用薄膜覆盖,翌年 3 月 20 日揭膜,可使北京早熟 01-88 亲本抽薹开花比金早生 02-12 亲本早 1～2 天,使二者花期相遇天数达到 28 天,从而提高了制种产量。同时,因双亲均采用露地越冬制种,翌春不必进行二次定植,故根系发达,长势旺,2亲本的花期均较阳畦窖藏植株越冬法提前,种子质量也有明显提高。

(四)狠抓早春管理

繁种甘蓝露地越冬后,一般在2月中旬适时放风。先把覆在甘蓝苗上的草清除到沟内,然后结合覆膜把压在叶球上的土去掉。覆膜后由于气温逐渐回升,要把沟内的草清除到田外,并及时进行中耕保墒,破除板结,提高地温,促使还苗早发、根系下扎。在早春管理中,重施返青肥尤为重要。一般每667平方米施磷酸二铵12.5千克,硫酸铵25千克,氯化钾25千克,于2月底3月初施入沟内,施后覆土,浇好返青水,可促使返青早发。在施足肥、浇好水的同时,还要适时中耕松土,以利于增温保墒和消灭杂草。

(五)加强中后期管理,提高杂交甘蓝制种产量

露地越冬的繁种甘蓝,由于植株高大,根深叶茂,分枝多,田间密闭,不利于通风透光,易发生倒伏,故必须设立支架。在中后期管理中,抽薹始期要控制浇水,适当进行中耕松土,使植株壮而不徒长。始花期以后,为防止贪青晚熟,一般不再施肥,但要注意花期及时浇水,以满足花期对水分的需要。浇水要适当,浇水过多,易发生病害。

在双亲花期相遇的情况下,放蜂质量的好坏是决定制种产量和质量的关键。放蜂要及时,在2个亲本的始花期时开始放蜂。蜂源要充足,一般每667平方米放蜂1箱。

(六)病虫害防治

防治病虫害是夺取杂交甘蓝制种高产不可忽视的重要一环。首先要预防甘蓝霜霉病的发生与危害,5月以后,甘蓝种株进入生长盛期,可用40%乙磷铝300倍液与25%多菌灵

500 倍液混合每隔 7～10 天喷洒 1 次,连续喷施 2～3 次。

防治蚜虫可用 50% 抗蚜威可湿性粉剂 1 000 倍液喷洒。对菜青虫等害虫的防治,可用 20% 速灭杀丁,或 2.5% 敌杀死 4 000 倍液,喷洒 2～3 次。注意要避开每天开花授粉高峰期,等下午蜜蜂进箱后,先将蜂箱门关上,再用电动喷雾器喷药。第二天蜂箱门要适当迟开,避免蜜蜂受到伤害。若多种病虫害同时发生,可采用多种农药混合进行防治。

在金早生 02-12 亲本的终花期后(一般 5 月 12 日前后),要及时打去亲本的无效花枝,以及 2 个亲本底部的腋芽,以减少养分消耗、提高种子纯度。

七、存在问题及解决途径

甘蓝杂一代种子生产中存在的主要问题是产量低、纯度低、发芽率低。对这些问题只有从多个方面采取综合措施,才能收到好的效果。

(一)用高纯度自交不亲和系生产杂一代种子

高纯度自交不亲和系有两方面含义:其一是亲和指数不大于 1,不亲和株率达 100%;其二是经济性状稳定纯合,整齐一致。只有这样的亲本,才能把杂一代种子中母本自交的假杂种降低到 5% 以下,才能确保一代杂种的经济性状高度一致。为获得高纯度亲本,应做到以下 3 点:一是用于杂交制种的亲本植株,必须是用原种种子繁殖成的半结球植株。二是杂一代制种中,必须对亲本的经济性状进行严格的选择淘汰、去杂去劣。三是亲本原种繁殖中,每 3～4 代必须进行一次自交亲和性检验,淘汰亲和指数大于 1 的亲本。

(二)在严格的隔离条件下生产杂一代种子

杂一代制种田至少要与花椰菜、苤蓝、甘蓝型油菜、甘蓝其他品种等的采种田有 2 000 米的空间距离,否则将发生非目的有性杂交,严重影响杂一代种子的纯度。

(三)调整双亲种植比例、提高双亲间杂交率

大量试验证实,双亲株高一致,花期一致,正反交性状一致的杂一代品种,双亲按 1∶1 的行比定植,其杂交率最高。双亲株高差异过大,开花后植株高大的亲本往往遮挡了植株低矮的亲本,昆虫难以在双亲之间均匀地传粉,影响杂一代的杂交率。若亲本之一低矮,双亲按两行两行定植,有利于昆虫对低矮亲本的传粉和双亲间杂交率的提高。双亲花期长短差异过大,或有效花数差异过大,适当增加花数较少亲本的株数,通过增加花数较少或花期较短亲本的定植株数,可提高双亲间的杂交率,双亲可按 2~3∶1 行比定植。总之,不论按何种方式定植,都应该掌握保证双亲提供等量的花粉,并具有相等的授粉机会的原则。

(四)促进双亲花期相遇、提高双亲间杂交率

双亲花期是否相遇,是杂一代制种能否成功的关键所在,常用的调节花期的措施如下。

1. 调整播期　甘蓝抽薹开花习性比较特殊。例如,以晚熟品种黄苗、黑平头、西安大平头、黑叶小平头、金早生 02-12 等为亲本的自交不亲和系,其始花期反比北京早熟 01-88、狄特 409、金亩 84 等早熟品种的自交不亲和系提早 10~15 天。又如始花期较晚的自交不亲和系(如北京早熟 01-88),适当晚播时其始花期较早,适当早播时其始花期反而较晚。因此,只有充分了解各亲本的抽薹开花特点,才能通过调整播期使双亲花期完全相遇,或者缩短花期不遇的时间。

2. 调节小气候　在阳畦及改良阳畦中,南北面小气候差异很大。将晚开花的亲本定植在北面时,由于在温度高、光照

强的有利条件下,可提前进入生殖生长,达到早抽薹早开花的目的。把花期较早的亲本定植在南面,使其在温度低、光照弱的不利条件下,生长发育缓慢,可达到推迟抽薹开花的目的。

3. 摘心整枝　抽薹开花后,双亲花期不遇已成事实时,只能用摘心整枝的方法补救。若双亲花期只差 3～5 天的,可将早开花亲本的主花茎摘心;相差 7～10 天的,除对主花茎摘心之外,还要将一部分一级分枝摘心。摘心后要加强肥水管理,促进二级分枝抽生,以减少损失。

除了上述提高双亲间杂交率的方法之外,在一个亲本花期结束后,还应将另一个亲本后期的花朵全部摘除,保证种子充分成熟。同时要设支架防倒伏,收获后充分晾晒,以防角果、种粒霉变。

第八章　花椰菜制种技术

花椰菜(Cauliflower)又名菜花、花菜,是甘蓝的一个变种;以肥嫩的花球为食用器官。目前我国花椰菜在南方普遍栽培,北方栽培面积相对较小。但花椰菜的发展很快,据农业部统计,2001 年我国花椰菜栽培面积占全世界总面积的 27.5%,年总产量占世界总产量的 30.09%。花椰菜原产于地中海沿岸,喜欢阳光充足、温凉湿润的气候,既怕热又畏寒,更忌干旱。花椰菜营养生长适温为 8℃～24℃时花球形成适温为 15℃～18℃,温度达 24℃时花球停止形成,0℃以下的低温可使花球受冻,短期霜冻花球易腐烂。

花椰菜有许多熟性不同的品种,按生态型可分为 3 种类型。

一是春花椰菜类型。指适宜春种夏收的品种。这类品种耐低温,虽然经较长时间低温育苗过程,定植后也不易先期显球。利用其耐低温的特性,安排其营养生长阶段在低温下进行,盛夏来临前形成花球。

二是秋花椰菜类型。指适宜定植在盛夏高温季节、在秋末低温季节收获的品种。这类品种在较高温度下进行营养生长,利于花球分化;而在花球形成期,温度越低花球分化的速度越快;霜前采收结束。和春花椰菜正相反,秋花椰菜幼苗期连续低温(低于 10℃),易通过春化,可先期显球。但是,如果夜间温度低,白天温度高,则不易先期显球。

三是四季花椰菜类型。此类四季均可栽培,春秋两季栽培,可获得优质花球。此类品种一般适应性较强,如津选 3-19-8。

由于这 3 种生态型在不同发育阶段对温度的要求不同,增加了在繁殖原种与采收生产用种过程中的技术难度。

第一节　开花结实习性

一、春化与花芽分化

花椰菜属半耐寒性蔬菜,为低温长日照和绿体春化型植物。和甘蓝不同的是,花椰菜可在 5℃~20℃的较宽温度范围内通过春化,播种当年能形成花球。品种不同,春化时对低温的要求也不相同,早熟品种可在较高的温度和较短的时间内通过春化,晚熟种则要求较低的温度和较长的时间。早熟品种在 17℃~20℃下,经 15~20 天通过春化;中熟品种最适温度为 12℃,经 15~20 天通过春化;晚熟品种在 5℃下,经 30 天就可通过春化。花椰菜春化快慢还受植株营养体大小的影响。营养体愈大,需要的低温感应期愈短。花椰菜通过春化后开始花芽分化,分化期间若遇到 25℃以上的连续高温或−5℃以下的连续低温,花芽分化不良,多形成不能发育成正常花蕾的"瞎芽"。

二、花球发育和花枝伸长

花芽分化后 20 天左右出现花球,再过 10 天左右花球开始膨大,15℃~18℃是花球发育的适宜温度,10℃以下发育缓慢,0℃以下低温常使花球受冻腐烂。在花球肥大过程中,若遇到 24℃以上的连续高温,花枝逐渐伸长,会使紧实的花球松散开来。一般是花球边缘的花枝最先伸长,顶部中央的花枝伸长最迟最慢。随着散球,花原始体由白变黄,由黄变紫,最终形成由萼片包被着的绿色花蕾。花椰菜花枝伸长困难,因为作为繁殖器官——花球,其花轴、花枝畸形发育,变成了粗短肥嫩、薄壁细胞十分发达、输导组织极其衰弱的养分贮藏器官。需人工割去花球中的大部分花枝,才能刺激其他花枝正常抽生。

三、授粉与结实

花椰菜从花枝伸长到开花,在适宜温度下需要 20 天左右。花椰菜为总状花序,每花序每日开花 4~5 朵,由基部向花序梢依次开放。发育成熟的花蕾多从下午 4~5 时起渐渐开放,到次晨达盛开状态,呈"十"字形。花椰菜花器构造,授粉受精习性与甘蓝相同,但开花集中,花期较短。一般始花期仅 2~3 天,盛花期也只有 15~20 天。开花期间对气候条件十分敏感,旬平均温度在 15℃~19℃之间是开花结实的最适温度,平均温度高于 25℃或低于 13℃,开花结实不良,常形成无籽角果。

开花期内若遇连续阴雨天气,很容易使花球腐烂。因此,采种栽培时必须安排好播期,使开花结实期处于最适宜的环境条件之下,而不能像菜用栽培那样,仅使花球肥大期处于最佳的环境之中。花椰菜授粉后 45～50 天种子成熟,成熟的种子呈灰褐色或黑褐色,圆球形,种皮上有网状斑纹,千粒重 3～4 克,在室温下种子发芽力可保持 3～4 年。

第二节　常规品种的种子生产技术

一、原种生产的方法、方式和程序

不论是春花椰菜还是秋花椰菜,若用选优提纯的方法生产原种,其程序和大白菜一样,包括单株选择、株系比较,混系繁殖。所采用的选择方法也和大白菜相同,主要是混合选择法或母系选择法。母系选择法可参照大白菜原种生产进行操作。

生产原种级种子,都必须在正常的栽培季节里,对品种性状表现进行严格鉴定,才能获得种性纯正的种株。春花椰菜的正常栽培季节是 10～11 月播种,翌年 4～6 月收获,收获后种株面临的是炎热的夏季。秋花椰菜的正常栽培季节是 6 月播种,9～11 月收获,收获后不久便进入了严寒的冬季。由于春花椰菜、秋花椰菜种株收获时遇到的气候不同,因而原种生产所采用的技术措施必然不同。可分为春播采种和秋播采种 2 种方法。春播采种宜选择春季栽培的春花椰菜品种,按照北方各地正常栽培时期,培养商品成熟花球后,依照品种标准株选,并割除花球,留茎叶诱导抽生不定芽,利用不定芽生长的嫩枝扦插采种。秋播采种分成株(温室)采种和半成株(阳畦、小拱棚和露地)采种。

二、春花椰菜原种生产技术

(一)种株培育和选择

春花椰菜大花球的培育技术,与菜用栽培完全相同。西北地区一般是 10 月中旬前后播种育苗,11 月中旬于阳畦分苗,覆盖草帘越冬。3 月上旬幼苗长出 6～8 片真叶时定植于大田,加强肥水管理,促进花球发育。6 月上旬花球成熟收获时,严格选择符合品种标准性状的优良植株。

(二)不定芽培育

6 月上中旬在入选植株短缩茎下部保留 6～7 片健壮叶,将茎上部连花球一起割去,待伤口愈合后带大土坨集中移栽到另一田块,缓苗后 15～20 天会发生许多不定芽。也可割球后在种株北侧扒坑,用水冲刷出老根暴露在空气之中,15～20 天后也会发生许多不定芽。7 月上中旬不定芽长度达 6～7 厘米时,选健壮的扦插。

(三)扦　插

扦插床与结球甘蓝扦插床相同,要建在排灌方便、空旷不窝风的地方。以透气性良好的沙质壤土做床土,灌透水后扦插,株行距为 10 厘米×10 厘米。扦插后用草帘、苇席或遮阳网遮阳,如果地温过高,也可一边灌水一边排水。成活后逐渐撤去草帘。为扩大营养面积,8 月上旬幼苗长出 8～9 片叶时移栽 1 次,株行距为 25 厘米×25 厘米左右。

(四)温室采种

10 月下旬将带有 25 厘米见方大土坨的种株移栽到温室,此时已经显球,此后可按秋花椰菜原种生产中的温室管理方法(见后)进行管理。12 月下旬花枝陆续抽出,开花后人工授粉。翌年2月中旬以后,外界气温已经回升,要逐步加大放风量,延长放风时间,将室温控制在25℃以下。3月中旬前后种子成熟收获。春播花椰菜原种级种子生产周期长,技术难度大,可一次大量生产,分年使用。

三、秋花椰菜原种生产技术

秋花椰菜原种生产因播期、种株和花球抽薹开花前大小不同分为成株(温室)采种和半成株(阳畦、小拱棚和露地)采种。半成株采种常常用于生产生产种(见后面)。成株(温室)采种主要存在冬前长成的成熟花球种株移栽到温室时伤根过多,已老化的根系恢复生长较慢,因而较长时间内叶面水分蒸腾超过根系吸收,许多叶片因缺水而枯萎脱落,光合作用显著降低,养分供应严重不足,花蕾干枯,花朵脱落,许多种子发育不良成为秕粒,产量低而不稳。因而加强温度、肥水管理,技术措施到位是成功的关键,具体如下。

(一)种株培育

种株培育方法和菜用秋花椰菜栽培完全相同。一般应在6月中旬至7月上旬播种育苗,播后20～30天幼苗长出3～5片真叶时分苗。为防止烈日、暴雨危害,一般在出苗到第一片真叶展开期间、在分苗到成活期间,要用遮阳网、苇席等遮荫保苗。当幼苗7～8片真叶时,带土坨定植于大田,株行距为50厘米×66厘米,定植后立即灌水。花椰菜主要依靠贮存在茎叶和根中的营养物质使花球迅速肥大,所以灌过缓苗水后应中耕蹲苗,促进根系发育,防止"疯秧",花球直径达到2～3厘米时结束蹲苗。花椰菜主要依靠茎叶光合产物和根吸收的矿物质使花球肥大。花椰菜需肥量大,除施足基肥外,还应按需肥规律分期追肥2～3次。但采种花椰菜的花球不宜过于肥嫩,否则极易引起腐烂,施肥时氮肥不宜施用过多,要多施磷钾肥。花椰菜怕旱,也怕涝,应小水勤灌,见干见湿,不可大水漫灌,以免田间积水。

（二）种株选择

9月下旬至10月上中旬花球成熟收获时,按品种的标准性状严格选择优株。一般应选株型紧凑,叶丛发育良好,叶数适中、着生密集,短缩茎细而直,花球硕大、紧实、洁白,不散球,球内不夹生紫色或绿色小叶的植株。为保护品种基因库的完整性,增强对不良环境的缓冲能力,也为能一次生产较多种子分年使用,减少繁殖次数,只要条件许可,就应尽量多选优株。一般也应在50株左右。

（三）温室移栽

秋花椰菜收获后不久即进入严冬,只有将入选的种株移栽到温室,才能抽薹、开花、结籽。花椰菜无茎生叶,全靠花球下的老叶制造养分,供种株开花和种子发育,保住老叶在移栽后不脱落或少脱落,是提高种子产量和饱满度的关键所在。为减少落叶,要严格保护根系,尽量缩短缓苗期,因此移栽时每株种株必须带有30厘米见方的土坨。挖取种株时先束起外叶,再从距株茎15厘米的3个侧面下挖30厘米,使土坨三面在阳光下暴露几天,可促进根系伤口愈合、降低土坨湿度,以免移栽中散坨。移栽前先在温室中按50厘米行距挖出栽植沟,沟深、沟宽各30厘米,然后将带大土坨的种株,按40厘米株距摆入沟内,填半沟土后浇透水,水渗完后立即用细土将沟填平。这样既保证根际有充足的水分,利于缓苗,又不使温室内空气湿度过大,防止了花球腐烂。大约10天左右种株缓苗,结合灌缓苗水施少量氮肥。

(四)花枝花蕾形成期管理

种株缓苗后开始散球,短缩肥嫩的花枝逐渐伸长,由白变黄、变绿,尔后形成正常的花枝,花原始体由白变黄、变紫、变绿,逐渐形成成熟的花蕾,历时约 20 天左右。这就是花枝、花蕾形成期。此期应做好以下几项工作。

1. 割球 花椰菜花球厚实而紧密,通常不易抽薹或花枝抽生困难,缓苗后需及时割去大部分花枝,才能刺激其余花枝正常抽出。由于花球是一个短缩的复总状花序,花球边缘的花枝就是复总状花序的中下部花枝,最先延长抽生,最先开花结籽,而花球顶部中央的花枝就是复总状花序的上部花枝,抽生最迟,而且很难形成健壮花枝和正常的花蕾,故应割去,仅保留边缘部位的花枝。一般割去花球中央部分的 1/3～2/5,仅保留边缘部位的花枝。割球应在晴天中午进行,切口要又小又平,割后立即在切口处撒硫黄粉或代森锌粉,以免伤口感染引起烂球。割球前后 4～5 天内不要灌水,加强通风,降低室内湿度,促进伤口愈合。对于冬性过强、经割球处理也不易抽薹的品种,可把茎基部北侧的土壤扒开,露出根的上部,促使根部的不定芽萌发成植株,以小株留种。

2. 调温控水 种株移入温室后天气逐渐变冷,既要防止高温高湿引起花球腐烂,又要预防低温引起花球冻害,一般花球冻害在短期内是不易表现出来的,但抽薹时花球极易腐烂。因此,要严格调控温室内的温度和湿度,使白天气温不高于 25℃,夜间不低于 5℃,空气相对湿度不高于 80%。为形成健壮、粗短的花枝和数量多且大小一致的花蕾,还要少灌水、勤中耕、适当蹲苗,否则花原体在形成花蕾过程中,常因花枝徒长而中途停止发育,甚至干枯死亡。

3. 疏枝设架 花椰菜花枝过多,浪费养分,影响通风透光。为节约养分、改善通风透光条件,在花枝长达20~30厘米时,要疏除瘦弱、细短的花枝,感病、腐烂的花枝及花蕾发育不良的花枝,拔除短缩茎叶腋中发生侧枝的植株,每个种株一般只保留健壮花枝5~6个。花椰菜花枝长而纤细,疏枝后及时设架固定,以免倒伏或折断。

(五)开花结荚期管理

花蕾成熟后即可开花。花椰菜开花之前大多数花蕾已同时形成,所以开花集中,花期较短,始花期2~3天,盛花期15~20天,终花期4~5天,整个花期约30天。花期结束后进入绿荚期(约30天)和黄荚期(约5~10天)。开花结荚期内应着重做好以下工作。

1. **防寒保温** 西北地区秋花椰菜成株采种时,一般在10月中下旬将大花球种株栽入温室,12月下旬开始开花,翌年3月中下旬种子成熟。为确保种株能在严寒的冬季开花结实,防寒保温是开花结荚期温室管理的中心。一般从11月中旬起,随着气温的下降,自上而下逐渐给温室屋面加盖玻璃,在外界温度接近0℃时将玻璃盖严。随着外界温度的继续降低,要适时加盖草帘防寒,有寒流时生火加温,下雪后及时清除屋面积雪。总之,要采取各种措施使室温白天保持20℃~25℃,夜间不低于10℃,以利于开花结实。在防寒保温的同时,要十分重视通风排湿工作,否则花球易腐烂,易诱发黑腐病、黑斑病、霜霉病等,导致叶片枯黄脱落。放风应在10时以后进行,放风时间长短和放风量大小,要视外界气温变化情况灵活掌握。在不影响室内温度的条件下,白天尽量揭帘见光,以免叶片发黄。

2. **灌水施肥** 由于花椰菜花期较短,荚期较长,开花结荚期需肥量大,所以常在花蕾呈绿色、将开而未开时,重施氮磷复合肥1次,每667平方米施20~25千克,花期结束后再每 667 平方米施磷酸二铵 5～10 千克。硼肥能促进甘蓝类蔬菜受精,有利于糖类(碳水化合物)向角果运输,增进种子的产量和质量,因此可在盛花期用 0.2%硼酸溶液进行叶面追肥1～2 次。温室内水分蒸发量较小,可每 7～8 天灌水 1 次。角果挂黄以后停止灌水,以促进成熟。

3. 人工授粉　种株在严冬季节开花,温室内无媒介昆虫活动,需人工授粉才能结实。方法是,用洁净毛笔或蜂棒从已开放的多个种株花朵上采集花粉,涂抹在已开花的柱头上。如繁殖杂种一代亲本自交不亲和系,剥蕾授粉方法与结球甘蓝相同。由于采粉和授粉是同时完成的,故株间交叉授粉就是混合授粉。混合授粉结实较多,后代生活力强。

(六)种子收获

大部分角果变黄后收割花枝,放在通风处干燥,角果全部变黄后脱粒。

四、生产种种子生产的方式

我国北方,春、秋花椰菜的生产种都用秋播小株采种的方法生产,即用花球尚未充分肥大的植株做种株生产。由于各地的气候条件不同,种株越冬过程中保护设施不同,又可分成温室采种、阳畦或改良阳畦采种、小拱棚采种和露地采种等几种形式。例如,北京等地用阳畦、改良阳畦、小拱棚(图 8-1)生产春花椰菜生产种,用温室生产秋花椰菜生产种;陕西关中地区春秋花椰菜的生产种,多在阳畦或露地生产,也可在改良阳畦、大棚或小拱棚采种。

五、阳畦、改良阳畦和小拱棚小株采种技术

阳畦、小拱棚和改良阳畦中用小株采种法生产生产种,其

方法技术完全相同,各地可选择使用。据杨春起(1983)报道,由于阳畦(冷床)、小拱棚、改良阳畦的保温性能不同,因而种株的越冬死亡率、越冬后的生长发育和种子产量方面有明显不同,以改良阳畦最好,小拱棚次之,阳畦最差。其技术要点如下。

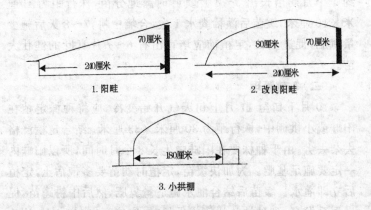

图 8-1　阳畦、改良阳畦、小拱棚

(一)播种育苗

阳畦和小拱棚小株采种能否成功,关键在于播种期是否适当。最适宜的播种期,是能将种株的盛花期安排在当地旬平均温度在 15℃～20℃的一段时间里。据陕西地区多年观察,花椰菜若 4 月上旬开花,因旬平均温度仅 12.3℃,开花后结实很少;4 月中旬至 5 月中旬开花,因旬平均温度已达 14.2℃～19℃,结实最多;5 月下旬,旬平均温度已上升到 21.1℃,开花后不结实或极少结实。所以,在陕西地区,花椰菜中熟品种在 8 月 20～25 日播种,早熟品种在 9 月上旬播种,以使花期处于翌年 4 月中旬至 5 月中旬的最佳温度条件下。

若播种过早,因冬前已形成较大的花球,在阳畦或小拱棚中越冬极易受冻腐烂,同时因早期显球的种株营养体小,翌春抽生的花枝纤细瘦弱,开花时气温偏低,受精不良,种子产量很低。若播种过迟,种株生长旺盛,显球很晚,花期后延,盛花期处于20℃以上连续高温下,只开花不结实,导致采种失败。播种后约1个月幼苗长出3～4片真叶时露地分苗,株行距为10厘米×10厘米,缓苗后灌稀粪水1次,合墒中耕,7～8天后施少量氮肥,促进生长,定植前应培育出有6～7片真叶的健壮大苗。

(二)冬前管理

10月下旬至11月上旬天气开始变冷,应将种株定植在阳畦或小拱棚中,株行距为30厘米×33厘米。结合定植严格去杂去劣。由于种株要在阳畦中生长8个月时间,所以阳畦内一定要施足基肥。为加快缓苗,定植时幼苗要多带宿土,定植后立即灌水。缓苗后结合灌水施适量氮肥,然后中耕蹲苗,促进根系发育。到种株叶片停止生长时,应培育出有9～10片叶的壮苗。注意冬前施肥培土和冬灌,使幼苗生长健壮,增强抗寒能力。

(三)越冬期管理

在种株越冬期内(陕西关中地区从11月中旬至翌年3月初),一般不灌水施肥,只进行防寒保温,使畦内温度保持在0℃～5℃即可。11月中下旬,当夜温已降至0℃时,应在畦面或棚上加盖草帘,白天气温在0℃以上时应揭帘见光。以后要根据温度高低、天气阴晴,灵活掌握盖帘厚度和揭盖草帘的时间。在不遭受冻害的前提下,应尽量延长光照时间,以免叶片黄化脱落。1月下旬至2月初种株显球后,更要注意防寒保温,绝不可使畦内温度降低到0℃以下,也不可使覆盖物上的水滴溅落在花球上,否则花球会腐烂。进入 3 月中旬以后,天气已暖,花球逐渐抽出花枝,此时可沿东西方向在阳畦上架起高约 1 米的铁丝,以供夜间覆盖薄膜或苇帘等防霜。若阳畦内土壤干旱,可适当浇水 1 次,合墒中耕,以提高地温。4 月中旬晚霜期结束后撤去畦面覆盖物。

(四)结荚期管理

4 月中旬以后气温已高,种株陆续进入开花结荚期。该期需大量肥水,缺水少肥常使花序表现出明显的"循环性不稔",结荚率降低。同时角果中种子发育不良,常形成瘦小秕子,产量质量显著降低。花椰菜花期较短,追肥宜早不宜迟,一般当大多数种株已无紫蕾、绿蕾尚未开放的时候,可每 667 平方米施氮磷复合肥 20~25 千克,每 3~4 天灌水 1 次,保持地面湿润。花椰菜角果成熟缓慢,为提高种子饱满度,可在花期结束时,每 667 平方米施氮磷复合肥 10 千克。此后,逐渐减少灌水次数,但不可干旱,特别是种子灌浆期不可干旱,否则秕粒增多。当部分角果挂黄后可停止灌水,促进种子成熟。

(五)防杂保纯

种株开花前严格检查隔离条件,采种阳畦周围 2 000 米范围内,不得有甘蓝、茎蓝、甘蓝型油菜、花椰菜其他品种等的采种田,即使是菜用生产田,若有先期抽薹的植株,也要拔除干净。

(六)种子收获

大多数角果变黄后可全田收割,在晒场上晾几天后脱粒,及时清选、晒种。

六、露地小株采种技术

北方冬季比较温暖的地区,可选用平畦育苗、露地小株采种技术。西北地区花椰菜的中晚熟品种于8月中旬、早熟品种于9月中旬播种育苗,大约1个月后,幼苗3～4片真叶时分苗1次,株行距为10厘米×10厘米。11月上中旬,带10厘米见方的土坨囤苗于阳畦之中;也可先分苗于泥筒或塑料钵中,然后囤苗于阳畦。土坨间靠紧实,用细土弥合缝隙后,灌透水,合墒后覆盖薄膜及草帘。整个越冬期间不施肥灌水,注意揭帘见光、适当通风,保住叶片不脱落。翌春约3月上旬,当10厘米深度地温≥10℃时定植于采种田,此时花球直径约2厘米。经过一个多月的生长,于4月中下旬开花,5月下旬花期结束,6月中旬前后种子收获。一般每667平方米产种子50～60千克。

七、温室小株采种技术

北京地区冬季寒冷,秋花椰菜生育期短,采种时播种较晚,故多在温室中进行小株采种。一般是10月中旬在阳畦中播种育苗,11月下旬分苗于温室,12月下旬幼苗长出5～6片真叶时定植于温室,可生火加温,使室温白天达20℃,夜间达10℃。4月上旬开始开花,6月中旬开始采收。温室采种成本较高,近几年来已逐渐改用改良阳畦采种。

第三节　一代杂种的制种技术

一、亲本的繁殖

目前国内花椰菜杂交制种主要利用自交不亲和系和细胞质雄性不育系。

(一)自交不亲和系繁殖

花椰菜自交不亲和系扩大繁育时,除了适期播种、培育壮苗、适时定植、严格隔离、精细的田间管理以及适时收获外,自交不亲和系原种必须采用蕾期人工授粉的方法繁殖。具体做法是:取同系当天开放的新鲜花粉进行混合,选开花前 2～4 天的花蕾,用镊子将花蕾轻轻拨开,露出柱头,将花粉授在柱头上。授粉时间以每天上午 9～12 时、下午 3～7 时效果较好。因为温度在 20℃～25℃、空气湿度在 60％～70％时,花粉最为饱满,柱头对花粉的接受能力最强。为保持室内湿度,可以采用人工增加空气湿度的方法,即在日光温室的后墙,人工授粉的走道上喷水,从而解决花粉饱满的问题,取得良好的效果。授粉工作要求精心细致,要由专人负责,用固定的镊子,不可采不同系的花粉使用。

花椰菜蕾期授粉时,花粉萌发率与结荚率都随着温度变化而存在明显的差异,并且两者变化趋于一致。实验证明,温度在 22℃～25℃、湿度在 45％～55％时,于开花前 3～4 天进行花蕾授粉结荚数量多,种子产量高。

(二)雄性不育系和保持系繁育

将不育系和保持系按要求比例定植于同一个温室或网棚内,严格隔离并去杂去劣,花期采取人工辅助授粉或放蜂授粉繁种,从不育株上采收即为不育系种子,从可育株上采收的仍为保持系种子。其他栽培管理技术与原种繁育相同。

二、杂种一代的杂交制种

(一)播种育苗

1. 育苗床的选择　育苗床应选择地势高、排水畅、浇水方便、通风良好、未种过十字花科蔬菜的砂壤土。

2. 育苗床的准备　育苗床做成长 10 米、宽 1.2 米的阳畦,施腐熟过筛的农家肥 100~150 千克,然后将粪和土混匀。拌匀后,每平方米加 50%甲基托布津 10 克,以防苗期猝倒病,每平方米还要加 90%敌百虫原粉 5~10 克,防止苗期蛴螬、蝼蛄等地下害虫危害。畦面要整平。

3. 播种时间　适宜的播种时间播种是种子生产的关键,杂交制种应准确把握父母本播期,一般中晚熟品种于 8 月中旬播种,早熟品种于 9 月中旬播种,母本比父本提前 3 天播种,以使其花期相遇。

4. 播种方法　播种前用水将畦面浇透,然后用细木棍划 0.5 厘米深、行距 5 厘米的小沟,进行点播,粒距为 5 厘米,种子用量为每平方米 3~5 克。

5. 播种后管理　播种后均匀覆盖 0.5 厘米厚的过筛细粪土,然后盖一层 0.5 厘米厚的稻草。据观察,在 31℃气温条件下,稻草下的畦面温度仅为 28.5℃,未盖草的畦面温度为 35℃,降温效果明显。然后用水壶将稻草浇透,并适当在草上喷 50%辛硫磷乳油 800~1 000 倍液,以防苗期地下害虫危害。为防止出现高脚苗,播种后第三天晚上必须揭去稻草,再搭 40~50 厘米高的遮荫棚,既可防止因白天温度太高而使幼苗被晒死,又可避免大雨、冰雹危害。

（二）苗期管理

为防止高温伤苗,每天用喷壶洒小水 3 次。上午 10 时左右、下午 1 时和 6 时各喷 1 次,注意上午必须喷水。因为上午气温低,喷水后地面蒸发量小,幼苗成活率可高达 80%以上。

当苗出齐 1 周、幼苗 2 片真叶后,下午可减少 1 次喷水,在此期间,每周应喷 1 次 5%氯氰菊酯乳油 1 000 倍液,防治小菜蛾和蚜虫,喷 25%多菌灵可湿性粉剂 500~1 000 倍液,以防止猝倒病和其他苗期病害。

随着苗期对水的需求量增大,每天上午仍要喷水1次,以保证幼苗正常生长,苗若过小应适当浇粪水或0.3%尿素溶液促进其生长。当幼苗3～4片真叶时分苗1次,株行距为10厘米×10厘米。11月上中旬带10厘米见方的土坨囤苗于阳畦中;也可先分苗于泥筒或塑料钵中,然后囤苗于阳畦。土坨间靠紧实,用细土弥合缝隙后灌透水,合墒后覆盖薄膜及草帘。整个越冬期间不施肥灌水,注意揭帘见光、适当通风,保住叶片不脱落。

(三)土地要求

选砂壤土、浇排水方便、未种过十字花科蔬菜的田块,以防重茬。同时在周围2 000米范围内不得有其他甘蓝类作物制种田。

(四)整地做畦

定植前清洁田园,每667平方米施农家肥1 000千克,过磷酸钙50千克,深翻到土中拌匀。将畦面整平整细,并做成宽60厘米、高15厘米的半高垄,然后覆膜,双行定植。

(五)定　植

翌年春季,当10厘米深度地温≥10℃时,将幼苗定植于采种田,定植时期一般在幼苗6～7片真叶时,此时花球直径约2厘米。一定要适时定植,因为幼苗达到定植苗龄而未定植会直接于苗床显球,并且定植后发育不良,在未形成正常花球时就抽薹,会导致种子产量降低。定植前苗床浇透水,以利于移栽。定植密度因品种而异,早熟品种株行距为50厘米×35厘米,每667平方米定植3 300株左右;晚熟品种株行距60厘米×55厘米,每667平方米定植2 300株左右。定植时选壮苗无病苗,定植前施过磷酸钙于穴内,穴深5～6厘米,每穴用肥量为3克。应于晴天下午3时以后或阴天定植,边定植边浇水,以利于缓苗。自交不亲和系杂交制种田多采用1∶1的隔行栽培方式,雄性不育系制种田采用父母本1∶3～4行比定植。要尽可能将开花期安排在日平均温度为16℃～20℃的季节。

(六)定植后的管理

1. **缓苗期** 定植后7～8天即可完成缓苗,此时浇1次缓苗水,待合墒后及时中耕除草,提高地温和土壤透气性,以利于根系发育。3天后每667平方米施尿素10千克,每株3克左右,施肥时距根10厘米左右,不要把肥埋在根脚处,以防烧苗。施肥后浇水,切忌大水漫灌,以免大幅降低地温和垄面过湿造成病害。

2. **团棵期** 当植株长到10片真叶时进入团棵期,为促进营养体进一步生长发育,每667平方米施尿素10千克、过磷酸钙15～20千克,然后浇水,切忌大水漫灌。此期要勤中耕松土,以促进根系生长发育。

3. **显球期** 为保证种子质量,一般于花球直径5厘米左右时进行田间检查,拔除不具备本品种特征特性的杂株、劣株,以及病害严重的植株。此期每667平方米施尿素15千克,可促使花球长大。当花球长至直径10厘米左右时进行割球,以促进抽薹。方法是,用小刀将花球中心割去,球四周均匀留3～4个"花枝",若为晚熟品种留2个。割球时不要割得太重,以免感病腐烂而影响正常花枝发育。晴天下午、阴天不要割球,以免湿度过大病菌感染伤口。割球后于伤口处涂紫药水或喷58%甲霜灵·锰锌可湿性粉剂400～600倍液防治霜霉病。少浇或不浇水,降低湿度,以免感病。还应注意防病治虫,每周须喷农用链霉素4 000～5 000倍液防治黑腐病,喷25%

万灵水剂 800～1 500 倍液防治蚜虫,喷 35％蛾宝 2 000 倍液或 100 亿个孢子/克 Bt 可湿性粉剂 1 000 倍液防治小菜蛾。

4. 抽薹期　此期间仍应及时防病治虫。当薹长 10 厘米时,结合浇水施 1 次尿素,每 667 平方米施 10 千克。

5. 花期管理

(1)防杂保纯　种株开花前严格检查隔离条件,采种阳畦或小拱棚周围 2 000 米范围内,不得有甘蓝类蔬菜品种的制种田。即使是菜用生产田,若有先期抽薹的植株,也要及时拔除干净。

(2)蕾期　蜜蜂应及时到位,每 667 平方米放置 2 箱蜜蜂,以提高种株结实率。此期可喷 3～4 次 0.5％硼肥促进种子饱满,施尿素 10 千克,浇水 2～3 次。此期主要是预防小菜蛾和蚜虫,在开花前把虫害发生控制在最低限度内,减少花期喷药,以免杀死蜜蜂。虫害发生严重时,应 1 周喷 2 次农药,多种农药混合使用。如喷 24％万灵水剂 500 倍液加 50％抗蚜威可湿性粉剂 200 倍液防治蚜虫。

(3)初花期　为提高种子产量与质量,每 667 平方米施碳铵 40 千克,可溶于水中顺沟而施,水不应太大。

(4)盛花期　盛花期管理是种子产量高低与质量优劣的关键,肥水均不可少。每 667 平方米施尿素 10 千克,结合浇水 1 周 1 次。喷 1.8％阿巴丁 200 倍液或 Bt 可湿性粉剂 1 000 倍液等生物农药防治小菜蛾,喷 24％万灵水剂 500 倍液防治蚜虫,切忌喷有机磷类农药,喷药的最佳时期是在蜜蜂活动少的傍晚。

(5)结荚期　花谢后至种子成熟需要 40～50 天,应加强肥水管理。花谢后,每 667 平方米施尿素 10 千克,过磷酸钙 15 千克,随后浇水。灌浆期结合浇水,每 667 平方米施尿素 10

千克,此期间仍应注意防治小菜蛾和蚜虫,因为结荚期气温高、虫口密度大,而角果嫩,角果很容易被吃光,直接影响种子产量和质量。为提高种子产量,可用 0.3%磷酸二氢钾溶液叶面喷肥。还应注意返花现象,一旦出现马上剪掉,以免消耗养分,降低产量。

(七)花期不遇的调整方法

1. 错期播种　实践证明,不能以生长期来确定双亲播期,使之花期相遇。双亲花期相遇,不但与生长期有关,还与双亲割球到见花的时间长短有关。根据其特性,可分为 3 种类型:①长蕾期型。特点为花球松散,散球快,冒薹易,但花蕾细小,长蕾速度慢,从现蕾到见花时间长。②短蕾期型。特点为花球结实,割球后边散球、边抽薹、边长蕾、边开花。③冬性型。特点为冬性强,割球后迟迟不抽薹,甚至重新结球。

花期吻合的好坏还与双亲花期的长短有关。一般单株的花期约 22 天左右,群体花期一般品种在 40 天左右,也有个别品种在 35 天以内,所以在确定双亲播期时,还应考虑花期的长短,使之紧密吻合,以提高制种产量和质量。

2. 摘心　对始花期早的亲本,当其植株抽出一级分枝时,将主花茎顶端摘心,可使始花期延迟。

(九) 种子的采收

当角果发黄、种子变褐时可陆续采收,若过早收获,因种子未完全成熟,会降低产量;若采收过晚,角果爆裂,也会降低产量。自交不亲和系制种时,一定要将父本与母本种子单独采收,切不可混杂。雄性不育系制种时,从不育株上收获杂交一代种子,父本单独收获或授粉完毕及时拔除。晒干种子,使种子含水量不超过 7%,除去杂质,使种子净度高于 95%。

第九章 芜菁、青花菜、芥蓝、球茎甘蓝、抱子甘蓝、羽衣甘蓝制种技术

第一节 芜菁常规品种的种子生产技术

芜菁(Turnip)别名蔓菁、圆根、盘菜等。十字花科芸薹属芸薹种芜菁亚种,能形成肉质根的2年生草本植物。芜菁起源中心在地中海沿岸及阿富汗、巴基斯坦等国及外高加索等地。我国华北、西北及云南、贵州、江苏、浙江等地栽培芜菁历史较长。随着新的蔬菜种类和品种引进及栽培制度变革,芜菁的种植面积显著减少,已成为稀特蔬菜了。

芜菁的肉质根含有较丰富的营养,干物质含量较高,一般为9.5%～12%。每100克食用部分含蛋白质0.4～2.1克,脂肪0.1克,糖类3.8～6.4克,钙41毫克,磷31毫克,铁0.5毫克,还含有硫胺素0.07毫克,核黄素0.04毫克,尼克酸0.3毫克,维生素C 3.5毫克。肉质根组织柔嫩致密,可炒食、煮食或腌渍,煮食可以代粮。

一、开花结实习性

芜菁为2年生植物。整个生长期,分为营养生长和生殖生长2个阶段。在春季提早播种的情况下,也能在当年完成1个生育周期。营养生长期阶段可分为发芽期、幼苗期、肉质根生长前期、肉质根生长盛期。生殖生长阶段,抽薹开花的叶环多数为2/5,即5片叶绕短缩茎2周。也有的为3/8。

芜菁在 2℃～6℃下经 20～25 天通过春化,芜菁在 2℃～3℃时开始发芽,生长适宜的温度为 15℃～18℃,并要求一定的昼夜温差。幼苗能耐－2℃的低温。在秋季高温、干燥的条件下,易发生病毒病。芜菁对光照的要求较严格,光补偿点为4 000 勒克斯,光饱和点为 20 000 勒克斯。

二、成株采种技术

国内的芜菁主要是常规品种,一般选用成株采种法。我国各地多在秋冬季栽培,如华北地区一般于 8 月上中旬播种,生长期为 80～100 天,于 11 月上中旬收获。在肉质根生长盛期和收获期进行单株选种。选留具有本品种特征特性、中等大小的植株做种株。北方地区收获后,将种株去叶,埋入贮藏沟中,可贮藏至翌年 2～3 月,即翌春土壤解冻后定植。贮藏沟中温度保持 0℃～3℃,上部覆土厚度要稍大于当地的冻土层,以防止冻害。南方地区可在地内贮藏,也可于冬前定植,约于翌年 6 月开花结籽成熟。芜菁的种株在栽植时,株行距为 67 厘米×67 厘米,应使其肉质根与地面呈 30°倾斜面,以免积水腐烂。抽薹前施对半的粪肥 1 次;角果黄熟时及时采收,以免裂荚。芜菁极易与其他十字花科白菜类作物杂交,因此留种田要与十字花科白菜类作物间隔 2 000 米以上。

第二节　青花菜一代杂种的制种技术

青花菜(Broccoli)别名绿菜花、西兰花、木立花椰菜、嫩茎花椰菜。属甘蓝类的一个变种,1～2 年生草本植物。原产于地中海东部沿岸。青花菜的可食部分为花茎和花蕾组成的花球,质地嫩脆,风味清香,营养丰富,含有丰富的蛋白质、维生素和矿物质,每 100 克鲜菜含糖类 5.9 克,蛋白质 3.6 克,维生素 C 113 毫克。除此之外,还含一种特殊成分吲哚甲醇,可防止乳腺肿瘤的生长;含 β-胡萝卜素,有预防肺部、咽喉和膀胱癌症的作用,可降低心脏病、中风的发生率。可炒食、凉拌、煮汤等。青花菜作为保健蔬菜越来越受到消费者欢迎。

一、开花结实习性

(一)春化与花芽分化

青花菜属低温长日照作物,从营养生长转向生殖生长需完成春化,即一定大小的幼苗感应一定天数的低温。但是,青花菜通过春化需要的低温没有甘蓝、花椰菜那样严格。不同熟性的品种对低温的要求不同,一般以 2℃~3℃ 诱导最好,也有 21℃~22℃ 的温度能够满足要求的。早熟品种几乎不需要低温,在平均温度 22℃ 以下,20 天后可进行花芽分化,夏季栽培也正常形成花球。中熟品种在 16℃~21℃,平均温度 18℃ 以下,28 天以上才开始花芽分化;晚熟品种则要感受 8℃ 以下低温,才能进行花芽分化,温度在 4℃~10℃ 时,在 8 周内可完成花芽分化。

苗龄大小与是否通过春化关系密切,一般情况下,早熟品种的主茎直径达到 3.5 毫米时,在 10℃~17℃ 下,约 20 天通过春化,开始花芽分化;中熟品种主茎直径达到 10 毫米时,在 5℃~10℃ 下,20 天通过春化;晚熟品种的主茎直径达到 15 毫米时,在 2℃~5℃,30 天通过春化。

大多数青花菜品种的花芽分化和抽薹开花对长日照要求不严,但长日照有利于花芽分化。据试验,16 小时日照下的青花菜比 8 小时日照下的青花菜早形成花球。

青花菜的花芽分化过程与花椰菜基本相同,但其分化程度较花椰菜高。花椰菜的花芽分化到花序发育阶段就停止发育，而青花菜发育到小花蕾，即青花菜的花球是由肉质的花茎、小花梗及绿色的花蕾组成。

（二）抽薹与分枝

在适宜的条件下，青花菜的花梗伸长，花球逐渐松散，形成花枝，进入抽薹开花期。由于花球紧密，花枝多，花蕾过密，造成营养不良，故一般只有部分花蕾发育正常并开花，多数花蕾干瘪或死亡。因此，生产种子时，常常采用切球、疏枝等措施。

青花菜的分枝习性与花椰菜基本相同。

（三）授粉与结实

青花菜开花期比较集中，盛花期 20 天左右，花为总状花序，每个花序每天开放 4～5 朵，晴天开花多些，阴雨天可能会闭花。青花菜开花、受精的最适温度是 15℃～20℃，一般每个花序可开 30～50 朵，在授粉条件好的情况下，一般可结 15～30 个荚，每荚有 15～30 粒种子。如果枝条留得过多，开花互相影响，养分不足，则每个花序结荚少至 5～10 个，且每荚结的种子少至 4～5 粒，种子可能不饱满。因此，青花菜必须疏去一部分花枝留种。不同自交系的结实力也有差异。

二、亲本的繁殖

目前生产上的青花菜品种绝大部分为一代杂种，而且主要是通过自交不亲和系途径制种。亲本的繁殖与花椰菜相似，但不再是割球，而是疏蕾和摘心。其他管理与花椰菜相同。

三、利用自交不亲和系生产一代杂种种子

青花菜为异花授粉作物，即使自交多代，也不可能绝对

"纯",而且多代自交后,常出现生活力衰退、植株矮小、花球细小、抗逆性下降等不良现象。为保持一定的纯度和生产优势,需要利用杂种一代的优势。由于青花菜普遍存在自交不亲和性,故在杂交制种上常采用2个自交不亲和系配对制种,即采取不同的自交不亲和系配对产生杂种优势,达到生长整齐一致、花球优质高产等目的。其技术要点如下。

(一)隔离区选择

青花菜为异花授粉作物,以昆虫、风媒传粉,非常容易与甘蓝类蔬菜串粉混杂。所以,制种田周围2 000米范围内,不能有甘蓝、花椰菜、芥蓝等甘蓝类作物的留种田,或者使用40目的纱网隔离采种。

(二)土地要求

选择土壤肥沃、排水良好、前茬为非十字花科作物的田块做制种田。

(三)整地做畦

整地做畦,畦宽为1.3米,双行种植。施足基肥,每667平方米施农家肥1 000~1 500千克。

(四)播种期确定

青花菜开花期间对气候条件特别敏感,在平均气温高于25℃或低于13℃的条件下结实不良,常形成无籽角果。开花结荚期持续遇阴雨天,容易引起烂株,甚至制种失败。因此,制种成败的关键在于播种期是否适宜。最适宜的播种期是将种株盛花期安排在当地旬平均温度为15℃~25℃的期间内,并且开花结荚期要避开雨季。

如果2个自交不亲和系的开花期有差异,则需错开播种期,以盛花期相遇为准,方法与甘蓝相似。

(五)培育壮苗

在夏秋季育苗要注意遮荫降温,最好采用营养钵育苗。夏秋季育苗病虫较多,应及时防治病虫害。苗龄为 20~25 天、有 4~6 片真叶时及时定植。冬季应在温室内育苗,注意控制浇水,防止冻害。适当疏播,防止徒长,以培育健壮的大苗。待外界气温稳定在 10℃ 左右时及时定植。

(六)定　植

大株采种,一般定植时间为 8 月下旬至 9 月上旬,11 月下旬至 12 月中旬天气转冷时,将种株连带 10 厘米见方的土坨假植在冷床内越冬。整个越冬期间一般不施肥,不浇水,但需要保温防冻害,以保持床内温度 0℃~5℃ 为好。可通过覆盖塑料薄膜及草苫保温,白天可适当揭开塑料薄膜和草苫,通风见光,以免叶片黄化脱落。待翌年 2 月下旬气温回升,外界气温稳定在 10℃ 以上时及时定植。一般 2 个自交不亲和系亲本的比例为 1∶1,定植株行距为 30~40 厘米×50 厘米。

(七)田间管理

1. **肥水管理**　制种田的田间管理与生产田的田间管理略有不同。制种田肥水管理以促进花球膨大,调整开花结荚期,提早抽枝、开花、结荚为主。为减少病虫害,提高植株的抗病能力,营养生长期应适当控制肥水,以免植株生长过于旺盛,以均衡供应肥水为度。追肥以磷钾复合肥为主,少施或不施氮肥。全生育期可追肥 4 次,第一次追肥在返青缓苗后,每 667 平方米施磷酸二铵约 15 千克;第二次在生长旺盛封行时结合中耕除草施入,每 667 平方米施磷酸二铵约 30 千克,钾肥 15 千克;第三次在结球期施入,每 667 平方米施磷酸二铵约 30 千克,钾肥约 15 千克;第四次在抽薹期施入,每 667 平方米施磷酸二铵约 30 千克,钾肥约 15 千克,磷肥约 15 千克。

在开花结荚期,每隔 7 天,选晴天叶面喷施 0.2%硼酸和 0.5%磷酸二氢钾。开花结荚期,注意浇水,以保持土壤湿润;结荚后期,适当控制浇水,以促进种子成熟。

2. 注意除杂　生长期定期观察,拔除株型、花球色泽异常的植株,以及蕾粒松开粗大、结球松散和不平整的异常植株。

3. 及时疏花枝　优良的青花菜花球大,花枝多,在抽枝期应及时疏去一部分花枝,以利于花枝顺利抽出、集中养分结荚,以及保证种子饱满。疏花枝应选择晴天分 2 次进行,第一次在花球采收期前后,用小刀割去弱的、低的花蕾,选留 10 条左右分布均匀的粗壮一级分枝(包括顶端花枝);第二次在花枝伸长期,距第一次疏花枝 10 天左右,这次是在上次选留的一级花枝中疏去二级以上的花枝,最后选留约 20 条左右一级至二级花枝,一般每条一级花枝可留 2～3 条二级花枝。

割花枝时注意刀口向外斜切,以防伤口积水腐烂。为减少腐烂,可在伤口处涂抹 72%农用链霉素 5 000 倍液,稍干后再涂抹 1 层紫药水。

4. 人工辅助授粉　为提高结荚率和种子产量,开花期最好采用人工辅助授粉,可在开花盛期,每天上午用鸡毛掸在 2 个自交不亲和系亲本之间来回轻扫,以助互相传粉,提高结实率。

青花菜开花期比较集中,盛花期 20 天左右。青花菜为总状花序,每个花序每天开放 4～5 朵,晴天开花多些,阴雨天可能会闭花。一般每个花序可开 30～50 朵,在授粉条件好的情况下,可结 15～30 个荚,每荚有 15～30 粒种子。如果花枝留得过多,开花互相影响,养分不足,则每个花序结荚少至 5～10 个,每荚结的种子少至 4～5 粒,且种子可能不饱满。因此,青花菜留种必须疏去一部分花枝。

5. 插架防倒伏　为防止种株倒伏而减产，在开花前要用竹竿固定植株过长的花枝。

(八)病虫害防治

可通过适当减少肥水、及时摘除病叶和老叶来减少病虫害发生。发现病虫害，应及时喷药防治，最好在种株开花期前连续用药彻底防治。一般不主张在开花期喷药，以免伤害蜜蜂及降低结荚率。若花期病虫害危害严重，则应在夜间喷药。结荚期注意防治蚜虫、小菜蛾、黑腐病、软腐病、霜霉病、菌核病等病虫的危害。

(九)种子的采收

当角果尖变黄色、种子变黑褐色即可采收。若不及时采收，则种子吸潮后容易在角果内发芽。用2个自交不亲和系制种时，父母本植株上的角果必须分开收获，分开晒种，分开脱粒。晒种时，不同自交不亲和系上采收的种子不宜相邻堆放或摊晒，应有一定的距离，以防风吹或人畜践踏而引起混杂。在盛装种子时应认真清除容器中夹杂的其他种子，并做好标记。在包装、运输和贮存过程中，要做好标记，防止机械混杂。

第三节　芥蓝常规品种的种子生产技术

芥蓝(Chinese kale)是我国的特产蔬菜，它起源于我国南部，主要分布在广东、广西、福建、台湾等地，在国内其他地区有零星栽培。并且已经传入日本、东南亚各国及欧美等地。芥蓝以肥嫩的花薹和嫩叶做食用产品器官，清爽适口，风味别致，深受消费者欢迎。在华南地区是秋、冬、春三季栽培的重要蔬菜，也是大中城市发展的特菜之一。

一、开花结实习性

芥蓝为喜温蔬菜,适应的温度范围较广,在 10℃～30℃ 范围内都能生长。种子发芽适宜温度为 25℃～30℃;幼苗期及叶簇生长期适宜温度为 20℃～25℃;花薹形成期适宜温度为 15℃～20℃。

芥蓝对低温的感应是在种子萌动后开始的,属绿体春化型。不同熟性的品种通过春化所要求的低温和低温持续的时间不同。早熟品种在 20℃～22℃ 下经 20～25 天通过春化,中、晚熟品种在 10℃～15℃ 下经 30 天通过春化。当种子发芽期、幼苗生长期这 2 个阶段过早地处于 15℃ 以下低温,则花芽很快分化,植株不能形成良好的营养体而转入生殖生长阶段,对采种工作带来不利的影响。

二、原种生产的方法

目前栽培的芥蓝多为常规品种,制种往往与栽培同时进行。采种时应选择具有该品种特征特性、花薹肥大、皮薄、节间疏、薹叶小、抽薹开花整齐一致的植株繁殖原种。

三、生产种种子生产技术

(一)隔离区选择

生产用种采种,选择排灌方便、开花期无雨或少雨、旬平均温度为 20℃～25℃、周围 2 000 米范围内无其他开花或制种的甘蓝类蔬菜的隔离区做采种田。

(二)品种选择

白花芥蓝分早熟品种、中熟品种、晚熟品种 3 种类型。早熟品种较耐热,适宜夏秋栽培;中熟品种耐热性不如早熟品种,对低温的适应性不如晚熟品种,故适宜秋冬栽培;晚熟品种冬性较强,适宜冬春栽培。代表品种:早熟品种有柳叶早芥蓝、细叶早芥蓝;中熟品种有荷塘芥蓝、南边中花;晚熟品种有迟花芥蓝、铜壳叶芥蓝。

(三)适时播种、培育壮苗

根据芥蓝的熟性和不同生育阶段对环境条件要求的差异,在我国南方的播种期,早熟品种为 6～8 月,中熟品种为 8～12 月,晚熟品种为 10 月至翌年 2 月;北方 2 月育苗,3 月定植,或者 3 月露地直播,6 月中下旬收获种子。培育壮苗的措施是在苗期加强肥水管理,苗龄掌握在 20～25 天。壮苗的标志是苗龄较短而苗粗壮。

(四)定　植

采种田宜选用土壤肥沃的田块,宜选 2～3 年内未栽种过十字花科作物的田块,与十字花科作物的隔离距离为 2 000米左右。每公顷施腐熟的农家肥 45 000～60 000 千克,将地块深翻,耙平,做成小高畦,定植的株行距一般掌握在 40 厘米×50 厘米。

(五)定植后的田间管理

定植缓苗后,及时中耕松土,以促进根系的迅速生长。缓苗后结合浇水,立即进行第一次追肥,每公顷施尿素或磷酸二铵 225～300 千克。在现蕾后,进行第二次追肥,每公顷施磷酸二铵 300 千克。抽薹后,为了促进侧花枝抽生应及时进行第三次追肥,施肥量同第二次。花期结合浇水再追肥 1 次,施肥量与前两次相同,以促进果实发育,提高种子的产量。

芥蓝长势强,植株较高,开展度宽,在开花结实期要分期培土或设立支架,以防止植株倒伏,降低产量。在叶片生长期,浇水以土壤见干见湿为度,一般每 5～7 天浇 1 次水。开花期增加浇水次数，每 3～5 天浇 1 次水，保持土壤湿润，雨后应及时排水防涝。

芥蓝的病害有菌核病、霜霉病、黑腐病等，虫害有菜青虫、小菜蛾、蚜虫等，要注意防治。防治方法与甘蓝相同。花期放蜜蜂或人工辅助授粉，以提高种子产量。

（六）种子的采收

角果变黄时应及时采收，采收后堆放在纱网或干净平整干燥的场地后熟 5～7 天，待角果干后脱粒、晾晒、清选，防止种子霉变，保证净度和纯度，在种子含水量不超过 7％时及时加工、包装、贮存。

第四节 球茎甘蓝常规品种的种子生产技术

球茎甘蓝（Kohlrabi）又称苤蓝、撇蓝、松根、玉蔓菁等，在广东俗称芥蓝头，在福建俗称香炉菜。为十字花科芸薹属甘蓝种的一个变种，1～2 年生草本植物。原产于地中海沿岸。由羽衣甘蓝变异而来，以球状肉质茎为食用器官。全国各地都有栽培。球茎甘蓝茎质脆嫩，富含糖类、维生素 C、粗蛋白质等营养物质。可凉拌鲜食、腌制、炒食等。其适应性强，耐寒，较耐高温，耐盐碱，耐贮运，栽培技术简单。

目前栽培的球茎甘蓝多为常规品种，制种往往与栽培同时进行。球茎甘蓝在秋季栽培后，立冬前后使球茎生长达到成熟或一定的营养体，这时选留种株，冬贮或露地越冬通过春化，第二年春暖抽薹、开花、结籽。在秋季栽培中因播种期不同分秋成株采种和秋半成株采种。

一、开花结实习性

球茎甘蓝是低温长日照作物,由营养生长转向生殖生长需在植株生长到一定大小时,才能感受低温而通过春化,故称绿体或幼苗春化型作物。通过春化时对温度和光照的要求不像结球甘蓝那样严格,冬性较弱,容易通过春化,在生产上也容易造成未熟抽薹的损失。

据报道球茎甘蓝春化的低温范围为 0℃~10℃,而且需要幼苗茎粗达到 0.41 厘米以上、叶片在 7.1 片以上才能通过春化。过小的幼苗或种子进行人工处理,均不能通过春化,从而也就不能显蕾抽薹。球茎甘蓝春化所需要的低温及时间条件在不同品种间差异较大,也不像结球甘蓝那样有规律,即幼苗叶数的多少和茎的粗细与抽薹率的增长并不成比例,同期播种早、中晚熟品种,其抽薹率并没有一致的倾向性。

二、成株采种技术

球茎甘蓝在西北地区 10 月下旬结成成熟球茎,选出种株后将种株连根拔起,假植在阳畦或窖中,翌年 3 月下旬定植于露地,6 月下旬至 7 月上旬采收种子。为使采收的种子种性纯、质量高,能够防止品种退化,应注意以下几点。

(一)适时播种

球茎甘蓝中晚熟品种在秋冬栽培的适宜播期播种,冬贮时结成成熟大球茎;早熟品种播种期相对较晚,冬贮时结成小球茎,立冬选留种株。早熟品种不能播种过早,否则因生育期过长而促成球茎炸裂,不利于冬贮;晚熟品种不宜播种过晚,否则寒冬来临之前,球茎尚未成熟而不利于种株选择。西北地区早熟品种适播期一般为 9 月上旬,中熟品种为 8 月上旬,晚熟品种于 6 月下旬平畦育苗,苗龄 30～35 天、幼苗长出 7～8 片真叶时定植,立冬前可形成良好的球茎。

(二)严格株选

株选时根据品种的标准性状,选择具有叶片少,叶柄细,叶痕小且球茎形状符合品种特征、消费和加工需求,大小适宜,表皮不开裂,成熟一致的优良植株做种株。选择优良种株的数量,一般认为用于授粉采种的植株要在 50 株以上,种株过少会发生遗传漂变,对后代产生不良影响。

(三)安全过冬

在立冬前,北方寒冷地区把入选的种株连根带土拔起,进行轻微晾晒,可窖藏越冬,窖内可码成条形垛,根朝内,球茎朝外,码 4～5 层种株,上部覆土,也可放一层种株覆一层潮土,分数层贮放;西北地区可直接将种株假植在阳畦或窖中,将整个球茎埋入土里。贮藏种株最适温度为 $1℃～3℃$,湿度为 $80\%～90\%$。在贮藏前期应注意保温,因为球茎甘蓝成株抗寒能力弱,受冻易腐烂;同时,它只有顶芽是花芽,而腋芽多不能抽出花芽。所以,在贮藏期间,必须保护顶芽不受冻、不损伤;后期应注意通风,严防窖温上升,避免在贮藏窖内萌芽。

(四)适时定植、加强管理

1. 定植 翌春土壤解冻后,10 厘米深度地温达 10℃时,可沟栽或穴栽定植,定植前淘汰感病腐烂的球茎种株,定植时要把球茎甘蓝全部埋入土中,仅露出顶端芽,既可防止顶芽受冻,又能减少其水分蒸发。定植行距为 45 厘米,株距为 30～40 厘米。施足基肥,栽后要把根部周围的覆土踩紧,以免土壤漏风,影响新根萌发和生长。

2. 肥水管理 定植后,为了促使种株尽快缓苗、发根,可每隔 6～7 天灌 1 次水,灌过 2 次水后,进行中耕培土,以防止植株徒长。此后至现蕾前尽量不灌水,通过多次中耕达到保墒、提高地温、促进根系发育、控制花薹徒长的目的。进入始花期,可再灌水并结合追肥。种株生长要求磷钾肥较多,在施基肥时结合施入磷钾肥。每 667 平方米施过磷酸钙 25～30 千克,草木灰 30～50 千克,或者每 667 平方米施磷钾复合肥 20～25 千克。开花期要保持土壤湿润。当种株初花时,根据土壤水分情况可轻灌 1 次催花水,同时每 667 平方米追施氮磷钾复合肥 15 千克,并及时中耕保墒,提高地温。以后根据雨水多少和土壤墒情确定灌水量和次数。正常情况下需每隔 7 天左右灌 1 次水,直到盛花期过后才能减少灌水量或停止灌水。在花期喷药防虫防病(参照甘蓝)时可加 10 毫克/升硼酸溶液,以促进受精作用,提高种子产量。种株进入盛花期,要加强肥水管理,结合灌水再追 1 次复合肥。

3. 插杆绑枝　由于球茎甘蓝花枝分散,开花后应在植株四周插杆搭架,以防止花枝被风吹断。对于发枝过多的植株,可将后发的瘦弱侧枝剪去,以利于透光,节约养分。

4. 保证隔离　保证采种田有一定的蜂源,以及与甘蓝类其他品种有 2 000 米以上的空间隔离。

(五)种子的采收

当角果开始变黄时即可收割。收割不可过迟,因角果很容易沿腹缝线开裂。收割宜选择晴天露水未干前进行,并堆放促其后熟,后熟 3～5 天再脱粒。脱粒的种子应及时晒干,然后装袋贮藏,晒种时防止水泥地面烤种而降低发芽率,一般应在彩条布或纱网上晒种。

三、半成株采种技术

即球茎甘蓝越冬前,形成小球茎直接采种的方式。品种播期比秋成株采种晚,立冬前只长成小球茎。在冬季温暖地区,如陕西可露地安全越冬;较寒冷地区,可收获小球茎贮藏越冬,春暖定植,可抽薹、开花、结实。此法由于球茎甘蓝只长成小球茎,不能充分表现品种的特性,不能做到严格选择种株;其播期晚,种株生活力强,种株病害少,春暖返青后植株生长旺盛,籽粒饱满,种子产量高,占地时间短,可用于大面积繁殖种子。其他技术基本同成株采种。

第五节 抱子甘蓝制种技术

抱子甘蓝(Brussels sprouting)别名芽甘蓝、子持甘蓝,上海称之为汤菜。抱子甘蓝的叶球小而紧实,形态美观,球叶鲜嫩,营养丰富,可凉拌鲜食、煮汤、炒食或加工等。19世纪初,抱子甘蓝逐渐成为欧洲、北美洲国家的重要蔬菜,以英国、德国、法国等国的栽培面积较大。我国台湾省有小面积种植,国内大中城市的郊区也有少量栽培。

一、开花结实习性

抱子甘蓝喜冷凉气候,耐寒性强,耐热性不如结球甘蓝。成株在气温降至 $-3℃\sim-4℃$,不至受冻害,能耐 $-13℃$ 的短暂低温。

抱子甘蓝对低温的感应与结球甘蓝类似,属绿体春化型,通过春化的植株必须长到一定的大小,要求有一定的叶片数和一定粗度的茎,并且在一定时间的低温感应下,才能完成春化。不同熟性的品种通过春化所要求的低温和低温持续的时间不同。一般品种要求茎的直径在6毫米以上,叶片数7片以上,在 $0℃\sim10℃$ 低温下经过 $50\sim90$ 天,可通过春化,而且植株越大,5℃以下低温持续的时间越长,通过春化的时间就越短;早熟品种茎直径 6 毫米以上,7 片真叶左右,在 0℃~10℃下经 20~25 天可通过春化;晚熟品种茎直径 12 毫米以上,真叶 12 片以上,在 0℃~10℃下 50 天左右才能通过春化。

二、秋播采种技术

亲本于 8 月上旬播种,9 月上旬定植于露地,10 月底至 11 月上旬假植于改良阳畦或日光温室,使其缓慢生长越冬,并通过低温春化。也可在秋季生产的品种中,选择小叶球密集、紧实、球形好、整齐的植株移栽于改良阳畦或日光温室越冬,翌年春季授粉采种。

三、小株采种技术

12 月上中旬在温室内播种育苗,幼苗 6~7 叶时移植到室外改良阳畦或露地,接受低温通过春化。春化期间,夜间要加强管理,防止冻害。

翌春 2 月下旬至 3 月中旬土地解冻之后,10 厘米深地温稳定在 5℃以上时即可定植。采种田应选择在 3~4 年内未栽种过十字花科作物的田块,防止土传病害发生。选择周围 2 000 米范围内无其他甘蓝类蔬菜的隔离区采种,或用 30~40 目的纱网隔离采种。4 月开花,放蜜蜂或人工辅助授粉,以提高种子产量。如果是利用雄性不育系制种,应在母本开花结束之后,及时拔除父本,改善母本植株田间生长发育条件,提高母本种子的质量和产量。母本角果于 5 月底至 6 月上旬变黄,种子红褐色或棕黑色时及时采收。脱粒后的种子及时晾晒。当种子含水量不超过 7% 时,即可包装、贮存。采种田管理参见结球甘蓝露地制种。

第六节　羽衣甘蓝一代杂种的制种技术

羽衣甘蓝(Kale)是最近几年作为特菜引进我国的,目前在大中城市有少量栽培,面积甚少。生产上,羽衣甘蓝大多采用杂交制种,用自交不亲和系做母本,用自交系做父本。在秋季或冬季播种,翌春转入生殖生长,即开花、结实。

一、开花结实习性

羽衣甘蓝喜冷凉温和的气候,成株耐寒能力强,初冬经过几次霜冻仍不易枯萎,但不能长期连续处于冰点以下的低温中。种子的发芽适温为 18℃～25℃;植株营养生长适宜温度为 20℃～25℃,也较耐高温,夏季 30℃～35℃也能生长。

成株须在 2℃～10℃下经 40 天以上才能通过春化,在较高的温度和长日照条件下抽薹开花。

二、采种技术

(一)育　苗

羽衣甘蓝杂交制种,亲本于 8 月中下旬播种,用苗床或营养钵育苗。播前浇足底水,水完全渗下后,把干种子均匀地撒在畦面上,种子间距 4～5 厘米,播后覆 0.5～1 厘米厚细土。小株采种于 12 月上旬播种,温室育苗,其育苗方法同其他甘蓝类蔬菜。每 667 平方米制种田,母本用种量为 30 克,父本用种量为 10 克,共需育苗床 10～20 平方米。若冬季播种,幼苗具 4～6 片叶时假植于露地,越冬通过春化,翌年 3 月定植于露地。在冬季不太严寒的地区,秋季种株定植后可覆膜保温或直接露地越冬。

播种后,在苗畦上搭架小拱棚用遮阳网或塑料布覆盖,以防暴雨冲刷和日光曝晒。幼苗出齐后,及时将遮荫物去掉,防止长成高脚苗。出苗前一般不浇水,幼苗期保持床土湿润;移栽前,保持土壤见湿见干。

(二)定　植

制种田应选在 3~4 年内未栽种过十字花科作物的田块,以防止土传病害。羽衣甘蓝为异花授粉植物,必须严格隔离,制种田 2 000 米以内无其他甘蓝类作物栽培。

定植前 15 天左右(幼苗 3~4 片真叶),对苗床内的大苗进行 1 次分苗。分苗前 1 天,苗床浇足水,以减少伤根。应于晴天午后分苗,幼苗间距 10 厘米,栽植后浇足水,并遮荫保护。剩下的小苗增施水肥,促进生长,使之在定植时与大苗达到相近的苗态。

播种后 40 天左右,幼苗长到 5~6 片真叶时进行定植。采取垄上栽植,父母本行比为 1:4。定植时,要带土移栽,先栽母本,后栽父本,以防栽错。每 667 平方米定植父本 1 000 株、母本 4 000 株左右(株距为 25~30 厘米)。制种田要施足基肥,可用腐熟的鸡、猪粪等富含有机质的堆肥做基肥,每 667 平方米施堆肥 1 500~2 000 千克,定植后及时浇水缓苗。

(三)定植后的田间管理

定植后,应及时浇水,保持土壤湿润。缓苗后浇 1 次大水,抽薹前后要适当控制水分,以免生长过旺。进入盛花期后,要求土壤见湿不见干,种子收获前开始减少水分供应。平时经常进行中耕保墒,雨天要注意排水防涝。追肥以磷钾肥为主,少施氮肥。缓苗后,结合浇水,每 667 平方米追施尿素 20 千克;在封行时,结合中耕,每 667 平方米追施磷酸二铵 30 千克,氯化钾 15 千克;抽薹至开花结荚期,每隔 10 天叶面喷施 1 次

0.5％磷酸二氢钾或0.2％硼酸溶液,每667平方米用量为40升。

定植缓苗后,要及时中耕松土,促进根系发育,培育壮株,增强植株抗冻能力。霜降前后,可浇1次越冬水,浇水后划锄。小雪前10天开始封土,注意覆土不要过厚,封土到整棵的1/3为宜,使羽衣甘蓝的大部分茎、叶片外露。封冻前加盖畜粪、麦草等,或者用塑料薄膜覆盖,以防冻害,确保露地安全越冬。2月底至3月初开始返苗,视气温情况逐渐去掉覆盖物,并进行中耕、松土保墒,以提高地温、促进根系生长、及早返青。

(四)种株管理

去杂去劣是保证羽衣甘蓝制种纯度的主要措施。应于定植、抽薹、开花前,根据品种典型特征特性,分3次集中去杂去劣,去除父母本杂株、可疑株、病劣株。在开花期,如果出现叶色改变、花枝枝形异常的种株,应及时拔除。

羽衣甘蓝花期比较集中,如果花枝留得过多,养分不足,则每序结荚少,且每荚的种子少、不饱满。因此,必须在抽生花枝期及时疏去部分花枝。方法是:选择晴天,每株选留10～12条分布均匀、粗壮的一级分枝,割去分布过密的分枝;10天以后,在上次选留的一级分枝中选留2～3条二级分枝;开花末期,摘去枝条末端的幼荚、小花及花蕾。

为提高结荚率和种子数量,开花期最好采用人工辅助授粉,即从开花盛期开始,每天上午用鸡毛掸子来回拨动父母本花枝,将父本花粉抖落到母本柱头上。授粉动作要轻,以免碰伤母本柱头。也可以结合放蜂每667平方米用1箱蜜蜂,以提高结实率和种子产量。为防止种株倒伏减产,在开花结荚期用竹竿搭架,固定植株过长的花枝。

母本开花结束后,应及时割除父本,以改善田间通风透光条件,提高母本种子产量。同时,杜绝父本种子混入,保证杂交种质量。

(五)病虫害防治

羽衣甘蓝的主要病害是霜霉病、黑根病、软腐病。霜霉病在发病时应及时喷施1～2次40%乙磷铝可湿性粉剂500倍液或25%甲霜灵800倍液;黑根病可用75%百菌清可湿性粉剂800倍液进行灌根防治;软腐病用72%农用链霉素5 000倍液,或75%百菌清可湿性粉剂600倍液交替喷洒,7～10天喷1次,连续喷2～3次即可。

主要虫害为蚜虫、菜青虫、美洲斑潜蝇。虫害要以预防为主,及时防治,一般要求在开花前集中防治,严格控制害虫发生,尽量避免花期喷药,若必须花期用药,则应在傍晚进行,以免伤害蜜蜂等传粉昆虫。蚜虫和菜青虫可用20%氰戊菊酯乳油2 500倍液喷洒防治。开花前(4月上中旬)注意喷药防治美洲斑潜蝇。

(六)种子的采收

当母本角果黄熟、种子呈棕黑色或红褐色时即可分批采收,并及时晾晒,以防后期遇雨,使种子在种株上发生胎萌或霉烂。脱粒后的种子要及时晾晒,防止霉变,注意不能在水泥地面或铁板上曝晒。当种子含水量不超过7%时,即可包装、贮存。

三、存在问题及解决途径

目前国内市场上定型的羽衣甘蓝品种较少,大都是从国外引进的杂种一代,因而种子价格昂贵。很多单位采用组织培养的方法培育种苗,可在短期内获得大量羽衣甘蓝种苗,其成本相对较低。

第十章 白菜甘蓝类蔬菜
种子的检验、加工与贮藏

第一节 种子的检验

一、种子的外部形态及内部结构

(一)种子形状

白菜甘蓝类蔬菜种子,一般呈圆球形、卵圆形或长圆形。一般种子长度为 1.3～2.1 毫米,宽度为 1.2～2 毫米,厚度为 1.1～1.85 毫米。但不同作物、不同品种种子大小不同,一般甘蓝的种子最大,白菜的种子较小(表 10-1)。

表 10-1 白菜甘蓝类蔬菜种子比较

(吴志行,《蔬菜种子》,江苏科学技术出版社,1985)

蔬菜名称	种子平均大小(毫米)			种子平均千粒重 (克)	每克种子粒数
	长	宽	高		
白 菜 类	1.9	1.85	1.6	3.25	307.69
甘 蓝 类	2.05	2	1.85	3.75	266.66
不结球白菜	1.41	1.3	1.21	2.65	377.35

(二)种皮特征

种皮颜色有黄色、褐色、灰褐、黑色等。这 2 类蔬菜大都为总状无限花序,故虽然是同一株上的种子,但因成熟度不同,颜色也不一致。种子的颜色随着成熟度增加而逐渐加深,同一株上自下而上开花结实,其种子色泽自下而上由深变浅。种皮上有不规则的网纹,其网纹形状各异。

(三)脐

位于种子先端,呈线状,四周有白色或灰白色茸毛,并有圆形、卵圆形或椭圆形的黑圈。少数品种有脐冠黏附其上。

(四)发芽孔

位于脐的下方,种子侧面有 5 条带状突起,中间一条的终点即为发芽孔。

(五)缝线与合点

发芽孔相对方向,自脐部发出一条纵线称为缝线,其缝线终点隆起部分即为合点。

(六)胚

胚芽和胚根弯曲成镰刀状,子叶分居两侧,各片子叶相互折叠,种皮上 5 条带状突起,即为 2 片子叶折叠和 1 条胚根突起于种皮下的结果。

(七)胚乳

这 2 类蔬菜种子均无胚乳,养分贮藏于子叶中。

二、纯度鉴定

(一)形态检验法

形态检验法是检验人员借助肉眼、放大镜、解剖镜等工具,依据某一作物品种不同于其他品种的特定的外观形态特征来进行鉴定种子的方法。

1. 种子形态检验法 根据种子形状、大小、色泽、质地、表面的光与毛以及种子外表各部位的特征来加以鉴别,以区分本品种与异品种。该法简单、经济、快速,对有明显特征的种子,特别是不同类型的种子是适合的,但对于同属,特别是同种内的不同品种的检验准确性较差,且随着现代育种科学的发展,不同品种间种子外观形态的差异越来越小。因此,靠区别种子形态上的差异来鉴定种子纯度也变得越来越困难。但白菜甘蓝类蔬菜的新陈种子有明显的特征,可以简单判断:新种子表皮光滑有清香味,用指甲压开后呈饼状,油脂较多,子叶浅黄色或黄绿色;陈种子表皮发暗、无光泽,常有一层白霜,用指甲压易碎且种皮脱落,油脂少,子叶深黄色,如多压碎一些,可闻出哈喇味。

2. 种苗形态检验法　也叫小株鉴定,该法根据不同品种幼苗的独特性状进行检验,如子叶的形状、颜色、大小,真叶的形状、颜色、光泽、大小,叶面特征,叶缘特征等。该法简便、省时,适合检验性状差异明显的远缘杂交、远缘机械混杂和双亲性状差异明显的自交苗。

3. 成株期形态检验法　也叫成株鉴定,该法是将一定量的待检种子在田间种植一个小区,单粒播种,不间苗,不定苗,并以标准品种作对照。在成株期依据其主要特征,如株型、株高、叶片数、叶色、叶片特征、叶球特征等作出评判,这是最为通用的且真实可靠的方法。但此法缺点是所需时间较长,当年所生产的种子要等下一个生长季节或异地鉴定才能得到结果,往往丧失商机,且费工占地。

由于形态检验法的诸多不足,用一种快速、简便、准确、实用的室内检测方法来代替形态检验法已成必然。将电泳技术和 DNA 分子标记技术应用到纯度鉴定这一领域,恰恰顺应了这一要求。

(二)蛋白质电泳技术检验法

是指利用电泳技术对待检验样品的种子或幼苗的蛋白质进行分离、染色,形成蛋白质电泳谱带的差异,并与标准品种相比较,从而鉴定品种的真实性和纯度的一种方法。不同类型、不同品种由于基因型和发育特征不同,因而其基因的直接表达产物——蛋白质——在种类、数量、结构等方面也不同。该法即是利用蛋白质的多态性来反映不同品种 DNA 组成上的差异,从而进行品种鉴定。该法快速、可靠,不受环境影响。

1. 同工酶电泳法 陈启林等利用 PAGE 凝胶电泳对 9 个大白菜品种子叶期 EST 同工酶(脂酶同工酶)和 POD 同工酶(过氧化物酶)进行了鉴定分析,利用 EST 和 POD 同工酶酶谱综合多态性,可将 9 个品种完全鉴别出来。但与其他方法相比,该法还存在着一些不足:①同工酶具组织、发育的特异性,不同组织、不同发育时期,同工酶的数量和组成不同。利用同工酶鉴定种子纯度所用材料多为幼苗,而使种子萌发为幼苗不光费时,还往往因为种子在萌发进程上的不一致而导致检验结果偏差较大。②谱带位点与凝胶浓度、提取液配方、电泳程序等有关。③因酶易失活,故技术上有一定难度。

2. 种子贮藏蛋白电泳法 种子中所含的贮藏蛋白质可分为清蛋白、球蛋白、醇溶蛋白、谷蛋白等。每一类蛋白质的比例因物种而异,但在品种鉴定上多是根据醇溶蛋白(禾谷类)和球蛋白(豆类)的多样性。不同蛋白质所带电荷不同,在电场中泳动的速度也不同,电泳之后,通过染色显示蛋白质条带的数目、位置和颜色深浅,便构成品种的“指纹”特征,可用于品种鉴定。所用电泳技术包括聚丙烯酰胺凝胶电泳、淀粉胶电泳及等电聚焦电泳等。目前,国外许多先进种子检验实验室多采用超薄等电聚焦电泳法来进行品种鉴定。该法操作方便、准确性高、制胶速度快。由于凝胶超薄(0.15 毫米),因而可降低检验成本,且缩短了固定、染色和脱色时间。再加上该法采用水平平板电泳槽,可进行双聚焦,这样就大大增加了点样数量,从而提高了工作效率。

但值得注意的是,对于某些遗传组成非常接近的品种,如保持系和不育系,不易找到特异蛋白,采用蛋白质电泳难以发现特征带。另外,蛋白质电泳图谱易受种子(或幼苗)发育阶段及表达器官的影响,有时不够稳定,影响了图谱分析,从而影响了鉴定结果的准确性。

（三）DNA 分子标记技术检验法

品种间形态和生化上的区别,归根到底是品种间在基因(DNA)上的区别。DNA 分子标记技术即是通过对品种 DNA 的多态性,即 DNA 碱基序列的差异进行分析,从而鉴别不同品种。其检测对象是种子的 DNA 片段,它没有器官的特异性,不受环境的影响,有较高的准确性、稳定性和重复性。目前,在作物品种鉴定中应用的有 RAPD 技术、RFLP 技术、微卫星技术和 AFLP 技术等。

1. RAPD 技术　宋顺华等用 50 个随机引物对北京 57 号和北京 106 号 2 个杂交种及其亲本进行 RAPD 分析,结果引物 OPE-20 在北京 57 号杂交种中产生了有别于双亲的特殊标记,引物 OPH-06 及 OPH-07 在北京 106 号杂交种中产生了有别于双亲的特殊标记,能清楚地区分杂交种及其双亲,显示了 RAPD 标记在大白菜杂交种商品种子纯度检测上的实际应用。陈云鹏等运用 5 个引物扩增的 10 条 RAPD 特征带,作为一组 DNA 指纹,能区分 7 个大白菜品种。

RAPD 技术反应灵敏、多态性强,操作简便,速度快,费用低,既有大量的随机引物可供筛选,又不受种属的限制,被广泛用于多种作物的种子鉴定。但是,应用 RAPD 技术应注意:①不是任何引物都能产生特异谱带,需要一定数量引物的筛选。②RAPD 稳定性差,最好转化为稳定的 Scar 标记。③

RAPD 一般为显性标记,单独不能鉴定杂合子,需要采用RAPD 组合。④传统提取种子 DNA 的方法仍较繁琐,需要摸索简化。

2. RFLP 技术　虽然 RFLP 多态性稳定、容易重复,结果准确。但该技术存在着多态性有限、技术复杂、成本昂贵,同时放射性同位素的使用会影响人体安全,从而限制了该技术在实践中的应用。

3. 微卫星技术　与传统形态学鉴定方法和其他品种鉴定技术相比,该技术多态性水平高(可用于亚种间鉴定,已在水稻的品种鉴定中得到应用),易于分析,不受环境影响。但该技术程序复杂,费用较高,尽管在种子纯度检验上具有潜力,但目前尚不能普及。

4. AFLP 技术　AFLP 技术很适合用于种子真实性和品种纯度的鉴定,尤其在鉴定像大白菜这类亲缘关系较近、遗传背景较窄的蔬菜品种上具有更大的优势,同时它还可用于亲本或自交系的纯度鉴定和植物新品种的保护。但其在实际应用上还要解决以下几个问题:①AFLP 技术是一项专利技术,受专利保护,目前试剂盒价格昂贵。②操作过程较为复杂,技术要求较高。尽管如此,AFLP 技术高效可靠、分辨力强的特点,在种子真实性和品种纯度鉴定上具有广阔的应用前景。

综上所述,作物种子纯度检验技术已由传统的形态学方法发展到分子水平,其方法是由简单到复杂,结果也更加精确。每一种方法都有其自身的优缺点,至今还没有哪一种方法能够比较准确、快速、经济地进行种子纯度检验。与其他方法相比,DNA 分子标记技术多态性丰富、准确性高、重复性好、无器官发育时期的特异性,不受环境影响,但所需仪器精密、药品昂贵,程序复杂,离普及和应用尚有距离。因此,在进行具体的种子纯度检测时,应视具体情况灵活掌握,将传统的形态鉴定方法、蛋白质电泳技术和分子标记技术相结合,充分发挥综合技术的优势,以达到准确、经济、快速检测的目的。

第二节 种子的加工

一、种子的干燥

干燥是种子安全贮藏的一项重要措施。经过充分干燥的种子,生理代谢非常缓慢,从而能较长时间保持种子较高的活力。通过适当的干燥处理,可以促进种子后熟作用,消灭或抑制仓库害虫和微生物的活动,从而达到种子安全贮藏的目的。

(一)种子干燥原理

种子干燥是利用或改变空气蒸汽压,使种子水分不断散发的过程。当空气相对湿度较低,水分蒸汽压低于种子内部水分蒸汽压时,种子就会向空气中散逸水分,直到种子内部水分蒸汽压与外界空气水分蒸汽压相平衡,种子中的水分不再散逸,种子水分达到一个新的“平衡水分”,这个过程即释湿过程。相反为吸湿过程。种子干燥就是通过种子水分的释湿过程来实现的,种子水分蒸汽压与空气水分蒸汽压的差异越大,种子的干燥作用越明显,即空气相对湿度越低,种子干燥的越快,达到的平衡水分越低。25℃条件下,不同空气相对湿度时,白菜甘蓝类蔬菜种子达到水分平衡时的含水量见表10-2。

表 10-2　25℃时不同相对湿度下白菜甘蓝类蔬菜种子的平衡水分

作　物	不同相对湿度下的水分含量(%)						
	10	20	30	45	60	75	80
白菜类	2.4	3.4	4.6	6.3	7.8	9.6	10
甘蓝类	3.2	4.6	5.4	6.4	7.6	9.6	10

种子的干燥速度还取决于种子结构、种子内含物的性质、空气温度和湿度、风速以及种子与空气接触面积的大小等因素。种子表皮疏松、无蜡粉、含油量高、籽粒小,风速高,空气温度高、湿度低,种子与空气接触面积大,则种子容易干燥;反之,较难干燥。白菜类和甘蓝类蔬菜种子安全贮藏含水量为7%～8%。

(二)种子干燥方法

种子干燥的基本方法有日光干燥法、通风干燥法、热空气干燥法、干燥剂干燥法和一些干燥新技术等。

1. **日光干燥法**　即在日光下晾晒种子,使种子达到干燥的方法。这种方法简单易行,经济安全,一般情况下种子不易失去活力。但需要足够的晾晒场地和辅助设施,另外干燥种子的效果往往受到气象条件的限制。

2. **通风干燥法**　即利用鼓风设备加大空气流动速度,从而把种子散逸到空气中的水分带走的原理来干燥种子。相同条件下,空气流动速度愈大,干燥效果愈明显。但干燥效果因受空气相对湿度的影响而有一定的限度,当种子含水量降低到"平衡水分"程度时,就不会继续降低了,必须在空气相对湿度降低时,才能继续干燥。

3. **热空气干燥法**　采用加热设备把空气加热,然后再用加热干燥了的空气进行种子干燥的方法。这种方法干燥种子速度快,工作效率高,受气候因素影响小。但操作技术要求较高。白菜甘蓝类蔬菜充分成熟的种子一般采用 50℃～60℃ 干燥 4～5 小时。采用热空气干燥种子时,应注意如下几点:一是不可将种子直接接触空气加热器,以免烤种;二是干燥时应慢慢提高空气温度;三是对于含水量高的种子,须采用多次间隔干燥,以免一次失水过多过快而造成种皮龟裂。

4. 干燥剂干燥法 即在密封条件下把干燥剂和种子放在一起,使种子保持干燥的方法。这种方法不需要再提高空气温度或通风,十分安全,而且能有效控制种子安全的水分含量。常用的干燥剂有二氧化硅、变色硅胶、生石灰等。这种方法干燥速度慢,通常用于少量种子的保存,一般不能用于大量种子干燥。

5. 干燥新技术 干燥新技术的特点是改变了传统的热气流干燥方法中种子内温度梯度和湿度梯度相矛盾的现象,可以提高干燥的效率和质量,是当前种子干燥研究的主攻方向之一。近年来研究发展较快的有辐射干燥法(如太阳能干燥、红外线干燥和远红外线干燥等)、高频电场干燥法、微波和电阻干燥法、高速离心干燥法、真空干燥法等。

二、种子的清选分级

刚采收的、未经清选分级的种子群体成分很复杂,其中不仅有各种不同饱满程度和完整度的本品种的种子,还混杂有植物残骸、泥沙、石粒、虫瘿、菌核、杂草种子等。不同成熟度的种子之间或种子与其他混杂物之间都有各自固有的理化特性,如形状、密度、吸水性、浮力及表面的光滑程度等。清选就是根据这些不同的特性,在机械作用过程中,将种子按不同要求清选出来,并依据种子粒体大小、成熟度以及密度的不同分成若干等级,再进行处理、加工、包装贮运。

常用的清选方法有筛选、风选、水选和种子清选机等方法。

（一）**筛选** 用不同形状和孔径的筛子可以清除不合规格的碎粒、种子及植株残骸。

（二）**风选** 利用风力将密度小的植物残骸和成熟度不高的干瘪种子去除。

（三）**水选** 利用水或水溶液的浮力,淘汰种子中的病粒、秕粒和泥沙。

（四）**种子清选机** 白菜甘蓝类蔬菜的种子不宜用盐水选种。通常使用专用的种子清选机进行种子清选分级,工作便利而高效。

三、种子处理

种子处理的主要目的是清除附着在种子上的病原体(真菌、细菌、病毒、寄生虫等),以提高种子活力,延长种子寿命,减少贮藏过程中的病虫危害,提高种子的播种品质。针对不同的病原生物,目前采用的处理措施主要有物理机械处理、药剂处理、生物处理等方法。

（一）**物理机械处理** 是依据种子和病原体的构造和性质上的差异,利用光、热、水、风等清除或杀灭病菌。常用的方法很多,如汰选、热力法消毒、电磁波处理、辐射处理等。

（二）**药剂处理** 是指播种前或种子加工过程中使用各种化学药剂对种子进行的处理。选择恰当的药剂进行浸种、拌种、熏蒸或包衣等处理,以达到去除种子表面和内部病原体的目的。白菜甘蓝类蔬菜种子可用50℃的温水浸种20～30分钟,或者用 0.1%代森铵溶液浸种 15 分钟,浸种所用药液量为种子体积的 2 倍左右,洗净晾干后播种或贮藏。拌种常用50%福美双粉剂,或 75%百菌清粉剂,或 25%甲霜灵粉剂,用药量为种子质量的 0.4%。拌种时,使每粒种子的表面都均匀地黏附一层药粉,然后播种或干燥后在干燥的地方贮存。常选用 40%福尔马林 40~50 倍液,或 50%克菌丹 500 倍液,或90%敌百虫 1 000 倍液,或 70%代森锰锌 500 倍液等药剂喷雾,在密闭场所或容器内熏闷 48 小时,发挥药剂作用杀灭病菌,熏蒸后及时播种或干燥贮存。

(三)生物处理 就是利用有益的微生物和病原物之间的相互关系,协调它们之间的作用,使之有利于种子的代谢和贮存,保持种子的活力和品质。

种子在清选分级之后经过适当处理能有效杀灭种子携带的病原菌,预防和控制种传病虫害的发生,增进种子贮藏安全性,提高种子质量。

四、种子包衣

采用种衣剂进行种子处理的方法称为种子包衣。种子包衣是一项集实现良种标准化,防治作物苗期病虫害,省种、省药、省工、增产、增收于一体,同时有利于环境保护,减少农药污染,保护生态平衡,实现经济、社会、生态效益同步增长的综合性种子加工处理新技术。

经过包衣处理的种子称为包衣种子。包衣处理不仅能够改善种子的播种特性,而且携带了促进与保护种子生长的物质,是目前国际上广泛采用的种子加工处理技术。

种子包衣主要有 3 种类型:一是普通包衣种子,这种处理是在拌种的基础上演变而来,在包衣剂中加入微量元素、杀菌剂、杀虫剂和植物生长调节剂等物质,这种处理并不一定使种子形成特定的形状和大小。二是丸粒种子,这种处理使得种子被种衣剂包被,并形成特定的形状和大小,通过丸粒化处理的种子,有利于机械化精确播种。三是塑性膜包衣种子,这种处理的特点是在种子的表面形成一薄层种衣膜,这层薄膜可以有效地吸附农药于种子表面,从而减少播种过程中种衣剂的脱落。在实际生产中,往往将这 3 种类型结合在一起使用。

种衣剂是由活性成分和惰性成分组成。活性成分主要有杀虫剂、杀菌剂、植物生长调节剂、营养物质和微生物等,惰性成分主要有成膜剂、着色剂、填充剂、崩解剂等。良好的种衣剂必须具备较好的成膜性、稳定性、溶解性、牢固性和安全性等。

第三节　种子的贮藏

种子贮藏是种子生产过程中的一个重要环节。种子从田间收获后,经过一系列加工处理,最后进行贮藏。贮藏阶段的种子仍然是一个活体,它的生命活动与贮藏条件构成了一个整体。贮藏期间种子寿命的长短,主要取决于贮藏条件。采用各种贮藏方法和设施的最终目的在于保持种子的活力,即在预定的贮藏期限内保持良好的播种品质。

一、种子寿命

种子寿命是指植物种子收获后能保持发芽的期限。种子寿命和它在农业上的利用年限密切相关,蔬菜种子有 60% 以上的发芽率在生产上才有利用价值。所以种子寿命越长,衰老退化程度越小,在生产上利用的年限也越长。影响白菜甘蓝类种子寿命长短的因素很多,归纳起来大致可以分为外因和内因 2 类,具体见表 10-3。

表 10-3　影响种子寿命的因素

影响因素			贮藏期间种子本身状态及所处的条件	种子内部贮藏物质的变化	寿命
内因	种子遗传特性	组织结构	种皮组织致密坚固	较稳定,不易损耗变质	较长
			种皮组织疏松、薄脆	不稳定,易损耗变质	较短
		化学成分	含水量低,含油分较高	较稳定,不易损耗变质	较长
			含水量较高,含油分较低	不稳定,易损耗变质	较短
	个体发育	成熟度	种子成熟度高,籽粒饱满,不熟粒少	较稳定,不易损耗变质	较长
			种子未充分成熟,籽粒不饱满,不熟粒多	不稳定,易损耗变质	较短
		完整度	籽粒完整,饱满充实	较稳定,不易损耗变质	较长
			籽粒受机械损伤或虫与微生物侵蚀,种皮破损	不稳定,易损耗变质	较短
外因	空气相对湿度		空气相对湿度在70%以下,种子含水量在安全范围以下	较稳定,不易损耗变质	较长
			空气相对湿度在70%以上,种子含水量超过安全范围	不稳定,易损耗变质	较短
	温度		贮藏期间种子温度在20℃以下,空气相对湿度在70%以下	较稳定,不易损耗变质	较长
			贮藏期间种子温度在20℃以上,空气相对湿度在70%以上	不稳定,易损耗变质	较短

影响因素		贮藏期间种子本身状态及所处的条件	种子内部贮藏物质的变化	寿命
外因	种子堆内氧气状况	种子含水量在安全范围以下,种温 20℃以下,种子堆内氧气不足	较稳定,不易损耗变质	较长
		种子含水量在安全范围以上,种温 20℃以上,种子堆内氧气充足	种子内营养充足,物质分解快,损耗大	较短
		种子含水量在安全范围以上,种温 20℃以上,种子堆内氧气缺乏	分解产物易引起种子中毒死亡	短促
	微生物	种子上感染微生物(细菌、真菌等)少,且气温较低、湿度较低	较稳定,不易损耗变质	较长
		种子上感染微生物(细菌、真菌等)多,且气温较高、湿度较高	不稳定,易损耗变质	较短
	加工处理情况	种子经过清选、消毒、加工、包衣、密封包装等	较稳定,不易损耗变质	较长
		种子没有清选、消毒、加工、包衣、密封包装等	不稳定,易损耗变质	较短
	仓库害虫	仓库内温湿度较低,仓库害虫不易危害	较稳定,不易损耗变质	较长
		仓库内温湿度较高,仓库害虫易生长、繁殖、危害	不稳定,易损耗变质	较短

在常温环境条件下,白菜甘蓝类蔬菜种子在安全含水量(含水量≤7%)范围内,一般种子的平均寿命为 3～5 年,可使

用年限为 2~3 年。在低温干燥条件下,种子寿命相应延长,条件好的可达 10 年以上。对于原种或亲本,为了一年繁殖多年使用,通常在冷库或冰柜保存。

二、种子的质量和分级

目前我国执行的白菜甘蓝类蔬菜种子的质量标准是 1999 年制定的国家标准 GB16715.2—1999 和 GB16715.4—1999,分别见表 10-4、表 10-5。它规范了亲本、杂交种和常规种的纯度、净度、发芽率和含水量。

表 10-4 白菜类作物种子质量指标

(GB16715.2—1999)

项目 作物名称		级别	纯度 不低于(%)	净度 不低于(%)	发芽率 不低于(%)	含水量 不高于(%)
结球白菜（大白菜）	亲本	原种	99.9	98	75	7
		良种	99			
	杂交种	一级	98	98	85	7
		二级	96			
	常规种	原种	99	98	85	7
		良种	95			
不结球白菜（小白菜）		原种	99	98	85	7
		良种	95			

表 10-5　甘蓝类作物种子质量指标

作物名称 \ 项目		级别	纯度 不低于(%)	净度 不低于(%)	发芽率 不低于(%)	含水量 不高于(%)
甘蓝	亲本	原种	99.9	98	70	7
		良种	99			
	杂交种	一级	96	98	70	7
		二级	93			
	常规种	原种	99	98	85	7
		良种	95			
球茎甘蓝		原种	99	98	85	7
		良种	95			
花椰菜		原种	99	98	85	7
		良种	96			

三、种子的贮藏包装

种子进仓库前必须清楚地了解品种名称、良种等级、复壮代数、含水量、有无检疫性病虫和草等情况。对不同品种、同一品种复壮代数不同、同等级但含水量不同，以及病害感染情况不同的种子，应分开贮藏。同一品种，不同年份收获，也应分开贮藏。如仅仅含水量不同，其他情况相同，可将种子晒干至安全含水量后，混合贮藏。不管是袋装还是罐藏，在包装器材内外均应注明品种名称、等级、含水量、数量、生产单位、生产年月，以便随时检查备用。

白菜甘蓝类蔬菜种子品种多、体积小，除各大城市蔬菜种子公司、种子商店、种子仓库数量较大外，一般乡、村贮藏的数量不多。现将其种子大量贮藏与少量贮藏的要点，分别介绍如下。

(一)大量种子的贮藏

1. **仓库的修建与清理** 仓库应建于地势高燥、排水良好、通风透气的地方。在仓库的结构上,应具有保温绝热的隔墙,防潮、防鼠的墙壁和天花板。如果利用现有房屋改建,应彻底清扫仓库上下四壁;墙壁、梁、柱、地面有裂缝、洞穴的,必须剔净洞隙里的种子、虫子、杂物,并喷药、熏蒸,再用水泥、纸筋、石灰、油灰等填平,如有鼠洞可用黄泥石灰掺碎玻璃、废机油堵洞。仓库四周要清除杂草、瓦砾、垃圾,要填平水坑,以使老鼠、麻雀及害虫无藏身之处。

2. **晒场用具消毒** 晒场用具如麻袋、风车、刮板、笆斗、芦席等必须经常用刮、剔、敲打、洗刷、晒、开水烫等办法,进行杀菌灭虫。还要防止不同品种之间由工具隙缝中遗留种子,引起机械混杂。

3. **仓库熏蒸消毒** 打扫后的仓库及用具须用敌敌畏、敌百虫等药剂喷洒,进一步消灭残留的仓库害虫,喷药后封闭仓库 3～4 天,然后打开通风口,再放入种子。

4. **仓内装袋与堆垛** 蔬菜种子品种多,体积小,大型的种子仓库都采用袋装,分品种堆垛,每一堆下垫有木架,以利于通风。堆垛排列应与仓库通风同一方向,种子包距仓壁 0.5 米,垛与垛之间应留出 0.6 米宽的通风走道,以利于通风,便于检查和随时取用种子。

5. **仓库管理** 仓库管理工作的主要任务是保持或降低种子含水量及仓库温度,降低种子代谢活动,控制种子堆内害虫与微生物的生命活动,从而达到安全贮藏、延长种子使用年限的目的。因此,贮藏期间应做好合理通风、防潮隔湿、低温密闭等工作,并及时检查温度、水分、仓库害虫、种子发芽率等情况。所谓合理通风、防潮隔热、低温密闭就是经常注意空气温度与种子温湿度两者的平衡关系。当空气中温湿度太高时,可以打开门窗,加强通风;若屋顶漏水、地面渗水,应及时补漏和改善地面结构;若空气湿度大于种子湿度,应在种子包上加盖塑料薄膜防潮;贮藏室外,四周要开排水沟,在贮藏室的进出口外挂门帘。这些措施对降低空气温湿度、实现低温密闭贮藏、防止种子发热霉变、保证种子安全贮藏是很有效果的。此外,由于种子本身生命活动及仓库害虫、微生物的危害,以及周围环境如温度、氧气等的一系列变化也会影响种子的安全贮藏,须经常检查,以便及时发现问题。

(二)少量蔬菜种子的贮藏

蔬菜种子的少量贮藏比大量贮藏应用更为广泛,随着科学技术的发展,已有许多较先进的贮藏方法。

1. 在低温、干燥、真空条件下贮藏 目前比较先进的种子贮藏方法是人工控制温湿度及通风条件,使种子处在低温、干燥、真空的条件下,以降低其生理代谢活动强度、延长寿命。具体的方法是将经过精选,并已干燥至安全含水量的种子,放在真空、密闭、低温条件下贮藏。其包装的方法很多,最常见的方法是将种子装在塑封的纸袋内,或者将种子装在双层防潮塑铝袋内,或者放在真空的密封罐内。在发达国家,蔬菜种子通常以密封罐藏形式出售。经试验,对于洋葱、胡萝卜等通常极易丧失发芽力的种子,罐藏 3~4 年,其发芽率仍达 90% 以上。

2. 在干燥器内贮藏 我国各科研和生产单位用得比较普遍的方法是将精选晒干的种子放在纸袋或布袋中,贮藏于干燥器或低温冰箱内。干燥器可以采用具有小口、密封、大肚特点的玻璃瓶、有盖的缸瓮、锡罐、铝罐、铁罐等。在干燥器底部盛放干燥剂,如生石灰、无水氯化钙、干燥的草木灰及木炭等,其上放种子袋,然后加盖密闭。干燥器存放在阴凉干燥处,种子每年晒种 1 次,并换上新的干燥剂。这种贮藏方法,简单易行,保存时间长,发芽率高。

(三)铝箔袋加铜板纸覆膜袋双层包装贮藏

大白菜种子的寿命与温度和含水量关系极大。试验表明,大白菜种子在温度为 20℃、相对湿度为 50% 的条件下平衡水分 14 天,种子含水量可达 6.4%。将此含水量的种子放入密闭容器中,分别在 20℃、15℃、0℃ 的温度条件下贮存 20 个月,发芽率可由贮存前的 98.3% 分别降到 93%、94%、95%,并且含水量越高,温度越高,发芽率降低越快。铝箔袋加铜板纸覆膜袋贮藏就是利用低水分含量种子发芽率降低慢的特性,将干燥的种子密封装入铝箔袋中,达到延长种子寿命的目的。经实践证明,在夏季晴天的条件下,经过 1~2 天的自然晾晒,大白菜种子的含水量可达到 6.5% 左右。装入密封性强的铝箔包装袋内的种子,正常温度条件下,在 2~3 年内仍可达到国家规定的质量标准(含水量不高于 7%,发芽率不低于 85%),一般 2~3 年的保质期可基本满足市场和生产的需要,如果贮存于低温条件下,一般可保存 5~8 年。

目前,大白菜种子普遍采用铜板纸覆膜袋包装。该包装袋的优点是:外形美观,加工方便,制袋数量可多可少,不仅方便销售,而且是一种简易的贮藏方式。

(四)种子包装

经过干燥、清选、分级、加工、处理过的种子根据需要进行包装、贮运和销售。农家散放种子可用麻袋、纸袋、瓦罐、玻璃器皿等容器盛放;商品种子则需要根据容量标准用塑纸袋、塑铝袋、PVC 瓶、密封铁罐等容器包装、贮运和销售。

附录 A 中华人民共和国国家标准: 农作物种子检验规程

1 主要内容及适用范围

本标准规定了种子扦样程序,种子质量检测项目的操作程序,检测基本要求和结果报告。

本标准适用于农作物种子质量的检测。

2 引用标准

GB/T 3543.2 农作物种子检验规程 扦样

GB/T 3543.3 农作物种子检验规程 净度分析

GB/T 3543.4 农作物种子检验规程 发芽试验

GB/T 3543.5 农作物种子检验规程 真实性和品种纯度鉴定

GB/T 3543.6 农作物种子检验规程 水分测定

GB/T 3543.7 农作物种子检验规程 其他项目检验

GB 8170 数值修约规则

3 农作物种子检验规程的构成与操作程序图

3.1 构 成

农作物种子检验规程由 GB/T 3543.1～GB/T 3543.7 等七个系列标准构成。就其内容可分为扦样、检测和结果报告三部分。

扦样部分:种子批的扦样程序、实验室分样程序、样品保存;

检测部分:净度分析(包括其他植物种子的数目测定)、发芽试验、真实性和品种纯度鉴定、水分测定、生活力的生化测定、重量测定、种子健康测定、包衣种子检验;

结果报告：容许误差、签发结果报告单的条件、结果报告单。

其中检测部分的净度分析、发芽试验、真实性和品种纯度鉴定、水分测定为必检项目，生活力的生化测定等其他项目检验属于非必检项目。

3.2 种子检验操作程序图

全面检验时应遵循的操作程序见下图。

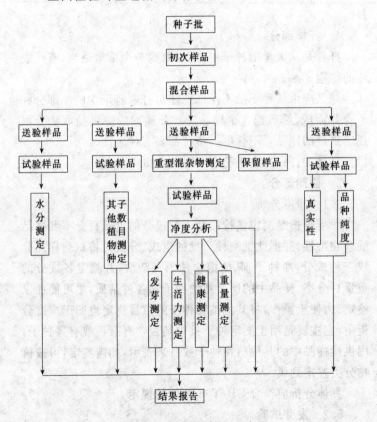

图A1 种子检验操作程序图

注：①本图中送验样品和试验样品的重量各不相同，参见 GB/T3543.2 中的 5.5.1 和 6.1 条。

②健康测定根据测定要求的不同，有时是用净种子，有时是用送验样品的一部分。

③若同时进行其他植物种子的数目测定和净度分析，可用同一份送验样品，先做净度分析，再测定其他植物种子的数目。

4 扦样部分

扦样是从大量的种子中，随机取得一个重量适当、有代表性的供检样品。

样品应由从种子批不同部位随机扦取若干次的小部分种子合并而成，然后把这个样品经对分递减或随机抽取法分取规定重量的样品。不管哪一步骤都要有代表性。

具体的扦样方法应符合 GB/T3543.2 的规定。

5 检测部分

5.1 净度分析

净度分析是测定供检样品不同成分的重量百分率和样品混合物特性，并据此推测种子批的组成。分析时将试验样品分成三种成分：净种子、其他植物种子和杂质，并测定各成分的重量百分率。样品中的所有植物种子和各种杂质，尽可能加以鉴定。为便于操作，将其他植物种子的数目测定也归于净度分析中，它主要是用于测定种子批中是否含有有毒或有害种子，用供检样品中的其他植物种子数目来表示，如需鉴定，可按植物分类鉴定到属。

具体分析应符合 GB/T3543.3 的规定。

5.2 发芽试验

发芽试验是测定种子批的最大发芽潜力，据此可比较不同种子批的质量,也可估测田间的播种价值。发芽试验须用经净度分析后的净种子,在适宜水分和规定的发芽技术条件下进行试验,到幼苗适宜评价阶段后,按结果报告要求检查每个重复,并计数不同类型的幼苗。如需经过预处理的,应在报告上注明。具体试验方法应符合 GB/T 3543.4 的规定。

5.3 真实性和品种纯度鉴定

测定送验样品的种子真实性和品种纯度,据此推测种子批的种子真实性和品种纯度。

真实性和品种纯度鉴定,可用种子、幼苗和植株。通常,把种子与标准样品的种子进行比较,或将幼苗和植株与同期邻近种植在同一环境条件下的同一发育阶段的标准样品的幼苗和植株进行比较。

当品种的鉴定性状比较一致时(如自花授粉作物),则对异作物、异品种的种子、幼苗或植株进行计数;当品种的鉴定性状一致性较差时(如异花授粉作物),则对明显的变异株进行计数,并作出总体评价。具体方法应符合 GB/T 3543.5 的规定。

5.4 水分测定

测定送验样品的种子水分,为种子安全贮藏、运输等提供依据。

种子水分测定必须使种子水分中自由水和束缚水全部除去,同时要尽最大可能减少氧化、分解或其他挥发性物质的损失。

具体方法应符合 GB/T 3543.6 的规定。

5.5 其他项目检验

5.5.1 生活力的生化(四唑)测定

在短期内急需了解种子的发芽率或某些样品在发芽末期

尚有较多的休眠种子时,可应用生活力的生化法快速估测种子生活力。

生活力测定是应用 2,3,5-三苯基氯化四氮唑(简称四唑,TTC)无色液体作为一种指示剂,这种指示剂被种子活组织吸收后,接受活细胞脱氢酶中的氢,被还原成一种红色的、稳定的、不会扩散的和不溶于水的三苯基甲腊(Triphenyl Formazam)。据此,可依据胚和胚乳组织的染色反应来区别有生活力和无生活力的种子。

除完全染色的有生活力种子和完全未染色的无生活力种子外,部分染色种子有无生活力,主要是根据胚和胚乳坏死组织的部位和面积大小来决定,染色颜色深浅可判别组织是健全的,还是衰弱的或死亡的。

5.5.2　重量测定

测定送验样品每 1 000 粒种子的重量。

从净种子中数取一定数量的种子,称其重量,计算其1 000粒种子的重量,并换算成国家种子质量标准规定水分条件下的重量。

5.5.3　种子健康测定

通过种子样品的健康测定,可推知种子批的健康状况,从而比较不同种子批的使用价值,同时可采取措施,弥补发芽试验的不足。

根据送验者的要求,测定样品是否存在病原体、害虫,尽可能选用适宜的方法,估计受感染的种子数。已经处理过的种子批,应要求送验者说明处理方式和所用的化学药品。

5.5.4　包衣种子检验

包衣种子是泛指采用某种方法将其他非种子材料包裹在种子外面的各种处理的种子。包括丸化种子、包膜种子、种子带和种子毯等。由于包衣种子难以按 GB/T 3543.2~3543.6 所规定的方法直接进行测定,为了获得包衣种子有重演性播种价值的结果,就此作出相应的规定。

以上内容(5.5.1~5.5.4)的具体检测方法应符合 GB/T 3543.7 的规定。

6 容许误差

容许误差是指同一测定项目两次检验结果所容许的最大差距,超过此限度则足以引起对其结果准确性产生怀疑或认为所测定的条件存在着真正的差异。

6.1 同一实验室同一送验样品重复间的容许差距;

6.2 从同一种子批扦取的同一或不同送验样品,经同一或另一检验机构检验,比较两次结果是否一致;

6.3 从同一种子批扦取的第二个送验样品,经同一或另一个检验机构检验,所得结果较第一次差,如净种子重量百分率低、发芽率低、其他植物种子数目多;

6.4 抽取、统检、仲裁检验、定期检查等与种子质量标准、合同、标签等规定值比较。

7 结果报告

种子检验结果单是按照本标准进行扦样与检测而获得检验结果的一种证书表格。

7.1 签发结果报告单的条件

签发种子检验结果报告单的机构除需要作好填报的检验事项外,还要:

a. 该机构目前从事这项工作;

b. 被检种属于本规程所列举的一个种;

c. 种子批是与本规程规定的要求相符合;

d. 送验样品是按本规程要求扦取和处理的;

e. 检验是按本规程规定方法进行的。

7.2 结果报告单

检验项目结束后,检验结果应按 GB/T 3543.3~3543.7 中的结果计算和结果报告的有关章条规定填报"种子检验结果报告单"(略)。如果某些项目没有测定而结果报告单上是空白的,那么应在这些空格内填上"未检验"字样。

若扦样是另一个检验机构或个人进行的,应在结果报告单上注明只对送验样品负责。

若在检验结束前急需了解某一测定项目的结果,可签发临时结果报告单,即在结果报告单上附有"最后结果报告单将在检验结束时签发"的说明。

本规程未规定而需要数字修约的,执行 GB 8170 的规定。

完整的结果报告单须报告下列内容:a.签发站名称;b.扦样及封缄单位的名称;c.种子批的正式记号及印章;d.来样数量、代表数量;e.扦样日期;f.检验站收到样品日期;g.样品编号;h.检验项目;i.检验日期。

结果报告单不得涂改。

附录 B 农作物种子质量纠纷田间现场鉴定办法

【标题】《农作物种子质量纠纷田间现场鉴定办法》

【颁布单位】 中华人民共和国农业部

【颁布日期】 2003-7-8

【实施日期】 2003-8-1

【失效日期】

【文号】 中华人民共和国农业部令 第 28 号

【题注】 《农作物种子质量纠纷田间现场鉴定办法》业经 2003 年 6 月 26 日农业部第 17 次常务会议审议通过,现予公布,自 2003 年 8 月 1 日起施行。

部长:杜青林

二〇〇三年七月八日

农作物种子质量纠纷田间现场鉴定办法

第一 为了规范农作物种子质量纠纷田间现场鉴定(以下简称现场鉴定)程序和方法,合理解决农作物种子质量纠纷,维护种子使用者和经营者的合法权益,根据《中华人民共和国种子法》(以下简称《种子法》)及有关法律、法规的规定,制定本办法。

第二 本办法所称现场鉴定是指农作物种子在大田种植后,因种子质量或者栽培、气候等原因,导致田间出苗、植株生长、作物产量、产品品质等受到影响,双方当事人对造成事故的原因或损失程度存在分歧,为确定事故原因或(和)损失程度而进行的田间现场技术鉴定活动。

第三 现场鉴定由田间现场所在地县级以上地方人民政府农业行政主管部门所属的种子管理机构组织实施。

第四 种子质量纠纷处理机构根据需要可以申请现场鉴定;种子质量纠纷当事人可以共同申请现场鉴定,也可以单独申请现场鉴定。

鉴定申请一般以书面形式提出,说明鉴定的内容和理由,并提供相关材料。口头提出鉴定申请的,种子管理机构应当制作笔录,并请申请人签字确认。

第五　种子管理机构对申请人的申请进行审查,符合条件的,应当及时组织鉴定。有下列情形之一的,种子管理机构对现场鉴定申请不予受理:

(一)针对所反映的质量问题,申请人提出鉴定申请时,需鉴定地块的作物生长期已错过该作物典型性状表现期,从技术上已无法鉴别所涉及质量纠纷起因的;

(二)司法机构、仲裁机构、行政主管部门已对质量纠纷做出生效判决和处理决定的;

(三)受当前技术水平的限制,无法通过田间现场鉴定的方式来判定所提及质量问题起因的;

(四)该纠纷涉及的种子没有质量判定标准、规定或合同约定要求的;

(五)有确凿的理由判定质量纠纷不是由种子质量所引起的;

(六)不按规定缴纳鉴定费的。

第六　现场鉴定由种子管理机构组织专家鉴定组进行。

专家鉴定组由鉴定所涉及作物的育种、栽培、种子管理等方面的专家组成,必要时可邀请植保、气象、土壤肥料等方面的专家参加。专家鉴定组名单应当征求申请人和当事人的意见,可以不受行政区域的限制。

参加鉴定的专家应当具有高级以上专业技术职称、具有相应的专门知识和实际工作经验、从事相关专业领域的工作五年以上。

纠纷所涉品种的选育人为鉴定组成员的,其资格不受前款条件的限制。

第七　专家鉴定组人数应为 3 人以上的单数,由一名组长和若干成员组成。

第八　专家鉴定组成员有下列情形之一的,应当回避,申请人也可以口头或者书面申请其回避:

(一)是种子事故争议当事人或者当事人的近亲属的;

(二)与种子事故争议有利害关系的;

(三)与种子事故争议当事人有其他关系,可能影响公正鉴定的。

第九　专家鉴定组进行现场鉴定时,可以向当事人了解有关情况,可以要求申请人提供与现场鉴定有关的材料。

申请人及当事人应予以必要的配合,并提供真实资料和证明。不配合或提供虚假资料和证明,对鉴定工作造成影响的,应承担由此造成的相应后果。

第十　专家鉴定组进行现场鉴定时,应当通知申请人及有关当事人到场。专家鉴定组根据现场情况确定取样方法和鉴定步骤,并独立进行现场鉴定。

任何单位或者个人不得干扰现场鉴定工作,不得威胁、利诱、辱骂、殴打专家鉴定组成员。

专家鉴定组成员不得接受当事人的财物或者其他利益。

第十一　有下列情况之一的,终止现场鉴定:

(一)申请人不到场的;

(二)需鉴定的地块已不具备鉴定条件的;

(三)因人为因素使鉴定无法开展的。

第十二　专家鉴定组对鉴定地块中种植作物的生长情况进行鉴定时,应当充分考虑以下因素

(一)作物生长期间的气候环境状况;

(二)当事人对种子处理及田间管理情况;

(三)该批种子室内鉴定结果;

(四)同批次种子在其他地块生长情况;

（五）同品种其他批次种子生长情况；

（六）同类作物其他品种种子生长情况；

（七）鉴定地块地力水平等影响作物生长的其他因素。

第十三　专家鉴定组应当在事实清楚、证据确凿的基础上，根据有关种子法规、标准，依据相关的专业知识，本着科学、公正、公平的原则，及时作出鉴定结论。

专家鉴定组现场鉴定实行合议制。鉴定结论以专家鉴定组成员半数以上通过有效。专家鉴定组成员在鉴定结论上签名。专家鉴定组成员对鉴定结论的不同意见，应当予以注明。

第十四　专家鉴定组应当制作现场鉴定书。现场鉴定书应当包括以下主要内容：

（一）鉴定申请人名称、地址、受理鉴定日期等基本情况；

（二）鉴定的目的、要求；

（三）有关的调查材料；

（四）对鉴定方法、依据、过程的说明；

（五）鉴定结论；

（六）鉴定组成员名单；

（七）其他需要说明的问题。

第十五　现场鉴定书制作完成后，专家鉴定组应当及时交给组织鉴定的种子管理机构。种子管理机构应当在 5 日内将现场鉴定书交付申请人。

第十六　对现场鉴定书有异议的，应当在收到现场鉴定书 15 日内向原受理单位上一级种子管理机构提出再次鉴定申请，并说明理由。上一级种子管理机构对原鉴定的依据、方法、过程等进行审查，认为有必要和可能重新鉴定的，应当按本办法规定重新组织专家鉴定。

再次鉴定申请只能提起一次。

当事人双方共同提出鉴定申请的,再次鉴定申请由双方共同提出。当事人一方单独提出鉴定申请的,另一方当事人不得提出再次鉴定申请。

第十七　有下列情形之一的,现场鉴定无效:

(一)专家鉴定组组成不符合本办法规定的;

(二)专家鉴定组成员收受当事人财物或其他利益,弄虚作假的;

(三)其他违反鉴定程序,可能影响现场鉴定客观、公正的。

现场鉴定无效的,应当重新组织鉴定。

第十八　申请现场鉴定,应当按照省级有关主管部门的规定缴纳鉴定费。

第十九　参加现场鉴定工作的人员违反本办法的规定,接受鉴定申请人或当事人的财物或其他利益,出具虚假现场鉴定书的,由其所在单位或者主管部门给予行政处分;构成犯罪的,依法追究刑事责任。

第二十　申请人、有关当事人或者其他人员干扰田间现场鉴定工作,寻衅滋事,扰乱现场鉴定工作正常进行的,依法给予治安处罚或追究刑事责任。

第二十一　委托制种发生质量纠纷,需要进行现场鉴定的,参照本办法执行。

第二十二　本办法自 2003 年 8 月 1 日起施行。

参考文献

1 于志章,程智慧,国奠盈编著. 蔬菜种子生产原理和技术. 陕西:天则出版社,1990

2 张焕家,洪榴丹编著. 山东大白菜杂交育种及栽培. 科学技术文献出版社,1990

3 何启伟,郭素英编著. 十字花科蔬菜优势育种. 中国农业出版社,1993

4 曹家树,申书兴编著. 园艺植物育种学. 中国农业大学出版社,2002

5 周长久主编. 蔬菜种植资源学. 北京农业大学出版社,1995

6 杨华崇,曾礼,孙相鹏,等. 大白菜覆膜高产制种技术. 山东农业科学,1989(6):34～35

7 钟惠宏. 食盐溶液处理在甘蓝大白菜亲本种子繁殖上的应用. 种子,1989(3):32～33

8 杨华崇,冯成宝,战丙志,等. 莱州市大白菜制种后期人工辅助授粉的增产效果. 山东农业科学,1992(2):50

9 郎风岗. 大白菜温室加代技术探讨. 天津农业科学,1992(2):20～21

10 陈宁,徐友,陈秋生. 春种大白菜温室育苗技术. 闽东农业科技,1993(3):20～21

11 张金科,孙琳. 大白菜种子产量构成因素分析. 中国蔬菜,1993(3):32～33

12 姜善涛. 地膜覆盖对大白菜制种产量的影响. 中国蔬

菜,1993(5):33～36

13 赵大芹. 地膜在大白菜制种上应用初探. 贵州农业科学,1995(1):51～52

14 李炳华,郑淑华. 提高大白菜小株采种产量的技术措施. 种子科技,1996(2):44～45

15 王绍林,彭识. 异地穿梭繁殖亲本 加快大白菜制种进程. 云南农业科技,1997(2):29

16 李正吉,赵胜业. 喷盐水克服大白菜自交不亲和的研究. 蔬菜,1997(1):28

17 李润清. 大白菜露地越冬制种技术. 种子科技,1997(2):40

18 刘华荣. 对大白菜种子隔年供种的设想. 山东蔬菜,1997(2):42

19 苏小俊,袁希汉,庄勇. 加温温室池栽耐热大白菜大株留种法. 中国蔬菜,1998(3):39～40

20 王本翠,张敬武,孔德禄,等. 大白菜制种－玉米－秋大白菜－菠菜一年四作栽培技术. 农业科技通讯,1997(7):27

21 杨书清. 大白菜制种与夏棉一体化栽培技术. 河北农业,1998(6):26

22 苏小俊,袁希汉,庄勇. 耐热大白菜高产稳产制种技术和方法. 中国蔬菜,1999(1):41～42

23 杨建平,刘维信,尹相彩. 大白菜单株种子产量构成因素的相关与通径分析. 山东农业大学学报,1999(3):53～58

24 王立华,柳明山,刘卫国. 大白菜采种技术及供种方式的改变. 种子世界,2002(2):42～43

父母本比例为 2：1 的
大白菜制种田（父本
花色淡；母本长势强，
花色深）

大白菜种子
田间收获

大白菜种子脱离

1

陕春白1号大白菜

陕春白1号包衣(右)
与未包衣(左)

菜薹不育花
(左)与可育
花(右)比较

蕾期人工授粉生
产菜薹自交不亲
和系原种

2

甘蓝育苗床

甘蓝制种田

蕾期人工授粉生产甘蓝
自交不亲和系原种

甘蓝成株采种抽薹期

春甘蓝切球后萌发的侧芽

夏甘蓝切球后萌发的侧芽

黄色花椰菜

橘黄花椰菜

4